茶叶审评与检验

王明刚　主编

苏州大学出版社

图书在版编目(CIP)数据

茶叶审评与检验 / 王明刚主编. —苏州: 苏州大学出版社,2022.9
ISBN 978-7-5672-4060-5

Ⅰ.①茶… Ⅱ.①王… Ⅲ.①茶叶一食品检验 Ⅳ.①TS272.7

中国版本图书馆 CIP 数据核字(2022)第 163636 号

书　　名: 茶叶审评与检验
主　　编: 王明刚
责任编辑: 徐　来
装帧设计: 吴　钰
出版发行: 苏州大学出版社(Soochow University Press)
社　　址: 苏州市十梓街 1 号　邮编: 215006
印　　装: 苏州市深广印刷有限公司
网　　址: www.sudapress.com
邮　　箱: sdcbs@suda.edu.cn
邮购热线: 0512-67480030
销售热线: 0512-67481020
开　　本: 787 mm×1 092mm　1/16　印张: 10.25　字数: 212 千
版　　次: 2022 年 9 月第 1 版
印　　次: 2022 年 9 月第 1 次印刷
书　　号: ISBN 978-7-5672-4060-5
定　　价: 39.00 元

前 言

茶叶审评与检验是研究茶叶品质感官鉴定和理化检验的应用型学科。它贯穿于茶叶的栽种、加工、贸易及科学研究全过程，是茶叶生产与加工专业的一门重要专业核心课程。

茶叶审评与检验对茶叶生产起着指导和促进作用，对科学研究起着客观评定的作用。茶叶生产的特点在于，茶鲜叶不是最终产品，它需要加工成成品茶才能进入市场。因此，每个加工环节都存在着品质问题，每道工序都要经过品质鉴定才能进入下一道工序，成品要对照国家或地方标准进行审评与检验，才能进入市场。通过茶叶审评可以发现各加工工序存在的问题并提出改进办法，通过茶叶检验可以发现茶树栽培过程中存在的问题，与茶叶质量安全有重要的关系。因此，茶叶审评与检验关系到茶叶的栽培、加工与销售，需要引起企业的高度重视。

全书共分5个模块22个项目，系统地介绍了评茶基础知识，绿茶、黄茶、黑茶、白茶、红茶、青茶、花茶的审评技术等内容，简要介绍了茶叶的理化检验、茶叶标准样及茶叶标准等内容。

本书由青岛西海岸新区职业中等专业学校高级讲师王明刚老师编写，国家一级评茶师、原安徽农业大学茶学系王同和教授担任主审。

本书是在完成山东省中等职业学校《茶叶生产与加工》专业教学指导方案编制的基础上，对近年来茶叶审评与检验工作文献资料进行收集、整理和分析而撰写完成的。

由于编者水平有限，书中难免有不足之处，恳请各位读者给予指正。

目录 Contents

■ 模块一 评茶基础知识 / 1

项目一 认识评茶器具 / 3

项目二 茶叶扦样 / 8

项目三 认识评茶用水 / 11

项目四 审评基本程序 / 17

■ 模块二 茶叶感观审评 / 25

项目一 绿茶审评 / 27

项目二 黄茶审评 / 45

项目三 黑茶审评 / 52

项目四 白茶审评 / 63

项目五 红茶审评 / 70

项目六 青茶审评 / 80

项目七 花茶审评 / 96

项目八 认识袋泡茶 / 102

项目九 认识速溶茶 / 107

项目十 认识液态茶饮料 / 110

项目十一 审评结果与判定 / 113

■ 模块三 茶叶的理化检验 / 119

项目一 茶叶水分检验 / 121

项目二 茶叶灰分检验 / 125

项目三　茶叶粉末及碎茶检验　/ 132

模块四　茶叶标准样　/ 137

项目一　认识茶叶标准样　/ 139

项目二　制作茶叶标准样　/ 142

模块五　茶叶标准　/ 145

项目一　认识茶叶标准　/ 147

项目二　茶叶标准的制定　/ 149

附录　通用感官审评术语　/ 152

模块一

评茶基础知识

茶叶品质主要是依靠人们的嗅觉、味觉、视觉、触觉来鉴定的。评茶是否正确，评茶人员除应有敏锐的审辨能力和熟练的审评技术外，还必须具有适应评茶需要的良好环境和设备条件，要有一套合理的程序和正确的方法，如评茶对环境的要求、成套的专用设备、评茶取样、用水选择、茶水比例、泡茶水温与时间、评茶步骤等。这些都是评茶基础知识，评茶人员必须对其有一个明确、系统的了解和掌握，达到主、客观条件的统一，才能取得评茶的正确结果。

项目一　认识评茶器具

一、项目要求

了解茶叶审评室的环境条件；会使用评茶用具：评茶盘、审评杯碗、分样盘、叶底盘、样茶秤、定时钟、网匙、茶匙、汤杯、吐茶桶、烧水壶等。

二、项目分析

评茶要尽可能排除外界因素的干扰或影响。例如，不同光线的照射会影响茶叶形状、色泽、汤色的正确反映。又如，评茶用具不齐备、不完善或规格不一致，同样会造成不必要的误差。

（一）茶叶审评室要求

茶叶审评室应坐南朝北，北向开窗，面积不得小于 15 m^2，如图 1-1 所示。

室内色调：白色或浅灰色，无色彩、异味干扰。

室内温度：宜保持在 15 ℃～27 ℃。

标准茶叶审评室在北窗均装有 30°倾斜的黑色半形遮光板，室内涂成白色。在评茶台的正上方装有一定照明度的灯，评茶台桌面上的光照度要求达到 1 000～1 200 lx。

噪声控制：评茶时应保持安静，控制噪声不超过 50 dB。

图 1-1　茶叶审评室

评茶台有两种，即干评台和湿评台。干评台（图 1-2）是评干茶用的，漆成黑色（白色的反光耀眼，容易使人疲劳），一般设在北窗口，台高 80～90 cm，宽 60～75 cm，长度依茶叶审评室的大小和需要而定。湿评台（图 1-3）主要是放审评杯碗及开汤评内质用的，漆成白色，位于干评台后面大约 1 m 处，台高 75～80 cm，宽 45～50 cm，长度根据需要而定，台面镶边高 5 cm，一端留一缺口以利清扫。有条件的茶叶审评室可安装空调。

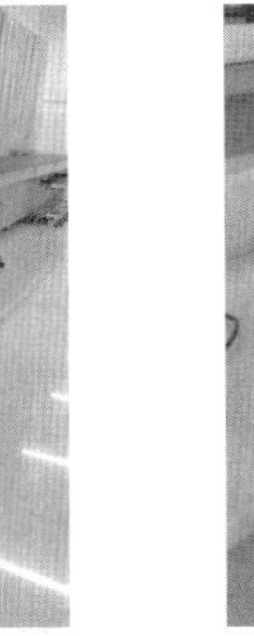

图 1-2　干评台　　　　图 1-3　湿评台

样茶柜架：在审评室内要配备样茶柜或样茶架，用以存放茶叶罐。样茶柜或样茶架一般放在湿评台后方，也有放在湿评台侧边靠壁的，这要根据茶叶审评室具体条件安排。

总之，室内的布置与设备用具的安放，以便利审评工作为原则。

（二）评茶用具

评茶用具是专用的，数量备足，质量要好，规格一致，力求完善，以尽量减少客观上的误差。评茶常用工具有以下几种：

1. 评茶盘

评茶盘又称样茶盘或样盘，是审评茶叶外形用的。用硬质薄木板制成，木质无异味，漆成白色。有正方形和长方形两种形状，正方形盘一般边长 23 cm，盘高 3 cm，长方形盘的长、宽、高一般为 25 cm、16 cm、3 cm。盘的左上方开一缺口，便于倾倒茶叶。正方形盘方便筛转茶叶，长方形盘节省干评台面积。审评毛茶一般采用篾制圆形样匾，直径 50 cm，边高 4 cm。

2. 审评杯碗

审评杯瓷质纯白，杯盖有一小孔，在杯柄对面的杯口上有一弧形或锯齿形小缺口，使杯盖盖着横搁在审评碗上仍易滤出茶汁。审评杯的容量一般为 150 mL。国际标准审评杯规格：高 65 mm，外径 66 mm，内径 62 mm，杯柄相对杯缘的小缺口为锯齿形；杯盖上面外径 72 mm，下面内径 61 mm，杯盖上面有一小孔。审评碗为特制的广口白色瓷碗，用来审评茶叶汤色和滋味。要求各审评杯碗大小、厚薄、色泽一致。

初制茶（毛茶）审评杯碗：杯呈圆柱形，高 75 mm，外径 80 mm，容量 250 mL。具盖，盖上有一小孔，杯盖上面外径 92 mm。与杯柄相对的杯口上缘有三个呈锯齿形的滤茶口，口中心深 4 mm，宽 2.5 mm。碗高 71 mm，上口外径 112 mm，容量 440 mL。

精制茶（成品茶）审评杯碗：杯呈圆柱形，高 66 mm，外径 67 mm，容量 150 mL。具盖，盖上有一小孔，杯盖上面外径 76 mm。与杯柄相对的杯口上缘有三个呈锯齿形的滤茶口，口中心深 3 mm，宽 2.5 mm。碗高 56 mm，上口外径 95 mm，容量 240 mL。

乌龙茶审评杯碗：杯呈倒钟形，高 52 mm，上口外径 83 mm，容量 110 mL。具盖，

盖外径 72 mm。碗高 51 mm，上口外径 95 mm，容量 160 mL。

3. 分样盘

分样盘用木板或胶合板制成，正方形，内围边长 320 mm，边高 35 mm；盘的两端各开一缺口，缺口呈倒等腰梯形。涂以白色油漆，要求无气味。

4. 叶底盘

木质叶底盘有正方形和长方形两种，正方形叶底盘边长 100 mm，边高 15 mm，长方形叶底盘的长、宽、高分别为 12 cm、8.5 cm、2 cm。通常漆成黑色。此外，还配置适量长方形白色搪瓷盘，盛清水漂看叶底。

5. 样茶秤

一般使用托盘天平，感量 0.1 g。

6. 砂时计或定时钟

砂时计为特制品，用以计时；一般采用定时钟，可设置 5 min 响铃报时。

7. 网匙

网匙用细密铜丝网制成，用以捞取审评碗中的茶渣碎片。

8. 茶匙

茶匙瓷质纯白，容量一般为 10 mL，用以取汤审评滋味。

9. 汤杯

汤杯用于放茶匙、网匙，用时盛开水。

10. 吐茶桶

吐茶桶在审评时用以吐茶及装盛清扫的茶汤叶底。高 80 cm，直径 35 cm，中腰直径 20 cm；分两节，上节底设筛孔，以滤茶渣，下节用于盛茶汤水。

11. 烧水壶

一般使用电热壶（铝质或不锈钢质均可），或用一般烧水壶配置电炉或液化气燃具。

三、项目实施

1. 项目步骤

（1）实训开始。

（2）观察茶叶审评室（依次观察干评台、湿评台、样茶柜架）。

（3）认识评茶用具（依次认识评茶盘、审评杯碗、分样盘、叶底盘、样茶秤、定时钟、网匙、茶匙、汤杯、吐茶桶、烧水壶）。

（4）将评茶用具放回原位，并摆放整齐。

（5）实训结束。

2. 实训安排

（1）实训地点：茶叶审评室。

（2）实训过程：

① 茶叶审评室要求的了解：带领学生进入茶叶审评室，观看记忆室内每一处有要求的设施，并体验室内要求不符的情况下审评的差异，如光线不同的情况下审评茶叶外形的差异。

② 茶叶审评室内设施的准备：把学生分成三个小组，分别对茶叶审评室内设施进行摆放，并扮演茶叶审评室管理员，每组设计一份茶叶审评室管理办法和使用表。

③ 对设计的管理办法和使用表进行评比。

四、项目预案

1. 托盘天平的使用方法

（1）将托盘天平放在水平工作台上，游码要指向红色"0"刻度线。

（2）调节平衡螺母（天平两端的螺母），直至指针对准中央刻度线。

（3）左托盘放称量物，右托盘放砝码。根据称量物的性状，应将其放在玻璃器皿或洁净的纸上称量，且事先应在同一天平上称得玻璃器皿或纸片的质量，然后称量待称物质。

（4）添加砝码从估计称量物的最大值加起，逐步减小。托盘天平只能称准到0.1 g。加减砝码并移动标尺上的游码，直至指针再次对准中央刻度线。

（5）过冷或过热的物体不可放在天平上称量，应先在干燥器内放置至室温后再称量。

（6）物体的质量 = 砝码的总质量 + 游码示数。

（7）取用砝码必须用镊子，取下的砝码应放在砝码盒中。称量完毕，应把游码移回零点。

（8）砝码若生锈，测量结果偏小；砝码若磨损，测量结果偏大。

2. 进入茶叶审评室的注意事项

（1）实训课前认真学习项目的理论知识。

（2）实训课前不要使用香皂或带香味的化妆品，严禁吸烟，以免影响评茶的准确性。

（3）实训课不迟到，遵守纪律，接受教师指导，认真操作。

（4）爱护实训设备和茶样，严禁私自将样茶带出茶叶审评室，违反者不记实操成绩或取消实训资格。

（5）实训课结束后，照原样装好茶样，认真清洗评茶用具，仔细检查并关好水电开关，安排人员打扫卫生。

（6）课后认真完成并按时提交实训报告。

五、项目评价

本项目的评价考核评分表如表 1-1 所示。

表 1-1　项目一评价考核评分表

分项	内容	分数	自评分（10%）	组内互评分（10%）	组间互评分（10%）	教师评分（70%）	实际得分
1	了解茶叶审评室要求	40 分					
2	了解评茶用具	40 分					
3	综合表现	20 分					
合计		100 分					

六、项目作业

（1）茶叶审评室有何特征？

（2）茶叶审评室有哪些评茶用具？

七、项目拓展

请对学校茶叶审评室提出改进意见。

项目二　茶叶扦样

一、项目要求

了解扦样（又叫取样、抽样或采样）是指从一批茶叶中扦取能代表本批茶叶品质的最低数量的样茶；掌握茶叶扦样的方法。

二、项目分析

茶叶审评中，茶样即使取自同批茶叶，形状上也有大小、长短、粗细、松紧、圆扁、整碎的差异，内含成分有组分、比例及质量的差异，也有上、中、下段茶的不同。扦样是否准确，样品是否具代表性，是保证审评检验结果正确性的首要关键。

1. 茶叶扦样的意义

从大批茶叶中扦样要准确，审评检验时的扦样同样要准确。开汤审评需样量只有3～5 g，这3～5 g茶叶的审评结果是对一个地区、一个茶类或整批产品的客观鉴定，关系着全局。因此，没有样品的代表性，就没有审评检验结果的正确性。扦取样品，从收购、验收角度来看，样茶是决定一批茶的品质等级和经济价值，体现按质论价的实物依据；从生产、科学研究角度来看，样茶是反映茶叶生产水平和指导生产技术改进，正确反映科研成果的依据；从茶叶出口角度来看，样茶反映茶叶品质规格是否相符，关系到国家信誉。总之，扦样工作绝不是一项无关紧要的技术工作。

2. 扦样方法

扦样的数量和方法因审评检验的要求不同而有所区别，可按国家对样品的扦取标准GB/T 8302—2013 规定执行。收购毛茶的扦样尚无标准规定，一般以扦取有代表性茶样，提供评茶计价够用为准。在扦样前，应先检查每票毛茶的件数，分清票别，做好记号，再从每件茶叶的上、中、下及四周各扦取一把，先看外形色泽、粗细及干嗅香气是否一致，如不一致，则从袋中倒出匀堆，从堆中扦取。有时需从一个大的茶堆中扦取样品，必须注意操作，必要时重新匀堆扦样。如果件数过多，也可抽若干袋重新匀堆后扦样。扦取的各茶样拼匀作为大样，从大样中用对角线取样法扦取小样 500 g，供审评检验用（对角线取样法：将样茶充分混合摊平一定的厚度，再用分样板按对角画“X”形

的沟，将茶分成独立的4份，取1、3份，弃2、4份，反复分取，直至取到所需数量为止）。一票茶叶扦取一个样品，如一票毛茶件数过多，逐件扦取有困难，可用抽扦法酌量减少扦样件数，但一般不要少于1/3。扦样时，要注意茶叶的干燥程度和干香，如含水量过高或干香有异气，应根据具体情况，按照规定分别处理。对于毛茶调拨验收的扦样，通常由毛茶的收购单位与毛茶精制经营部门负责办理。毛茶调拨验收，即对样复验收购的等级是否符合标准、品质有无劣变情况，以明确和加强调出、调入双方责任。为使验收正确无误，交货拨运单上必须记明毛茶的批次、等级、数量、收购单价。

3. 茶叶精制厂精茶的扦样

扦样是贯彻执行产品出厂负责制的关键。一般在匀堆后、装箱前扦取样品。在茶堆的各个部位分多次扦取样品，将扦取的样茶混合后归成圆锥形小堆，然后从茶堆上、中、下各部不同部位扦取所需样品，供审评检验之用。规模大的茶厂，作业机械联装，加工连续化，匀堆装箱也实施连续化及自动化，扦样在匀堆作业流水线上定时分段进行。再加工的紧压茶则在干燥过程中随时扦样。例如，砖茶、紧茶、饼茶等从烘房不同部位扦样审验。篓装散茶，如六堡茶、湘尖、方包茶等，在拣样各件的腰部或下层部扦取样茶。

4. 出口茶的扦样

出口茶扦样件数，按照茶叶输出（入）暂行标准规定的扦样办法，分装箱前和装箱后扦样两种。装箱前扦样是在匀堆装箱时按规定抽拣件数，从每箱中抽取一小铲，放入样箱中，再把样箱中样茶通过分样器分样，扦取500 g装茶罐两罐。装箱后扦样在包装完毕加刷唛头后进行，扦样员在扦样前，将检验单所列件数、品名、标记、号数或批别、制造茶厂、堆存地点等校对无误后，就应拣的件数开启箱盖，将箱内茶叶倒入竹篾盘内，用扦样铲在各部位扦取样品，每扦取一罐（容量约500 mL）倒在帆布上，全部扦取完毕后，将所扦样品充分混合，经分样器分取两罐样品，作审评检验之用。为简化手续，现主要采取装箱前扦样办法。用于感官审评用的茶样从样罐中倒出，取200～250 g放入样茶盘里，和匀后，用食指、拇指和中指抓取审评茶样，每杯用样应一次抓够，宁可手中有余茶，不宜多次抓茶添增。用于理化检测的样茶，按规定数量拌匀称取。扦取茶样动作要轻，尽量避免将茶叶抓断而导致审检误差。

三、项目实施

按照对角线取样法扦取样品。

1. 扦样方法

（1）扦样时，要将样茶盘中的茶样用回旋法收到茶盘中，成馒头状，上、中、下段茶合理分布其中。

（2）扦样时用三个手指，即拇指、食指、中指，由上到下抓起。

2. 扦样注意事项

（1）扦样时，不能用力过大，用力过大容易折断茶叶条索，影响茶叶品质。

（2）扦样时一定要把上、中、下段茶全部扦到，保证三段茶的原有比例。由于上段茶粗长轻飘、滋味淡薄，中段茶细紧重实、滋味醇厚，下段茶碎末较多、滋味浓厚、浸出率高，如果扦样时不能保证该茶样原有的三段茶比例，就不能客观地反映该茶样的真实品质特性，影响审评结果。

（3）扦样时尽量一次性扦够该茶样审评时所需的克数，只能多不能少，少了会影响下一个称样流程。

四、项目评价

本项目的评价考核评分表如表 1-2 所示。

表 1-2　项目二评价考核评分表

分项	内容	分数	自评分（10%）	组内互评分（10%）	组间互评分（10%）	教师评分（70%）	实际得分
1	按照对角线取样法扦取样品；了解评茶用具	80 分					
2	综合表现	20 分					
合计		100 分					

五、项目作业

（1）以学习小组为单位进行扦样训练。

（2）描述茶叶精制厂精茶的扦样方法。

项目三　认识评茶用水

一、项目要求

了解评茶用水的选择方法，掌握审评时泡茶的水温、泡茶的时间及茶水比例。

二、项目分析

审评茶叶色香味的好坏，主要是通过冲泡或煮渍后来鉴定的。水的软硬清浊对茶叶品质有较大的影响，尤其对滋味的影响更大，所以泡茶水质会影响茶叶审评的准确性。我国自古以来非常重视饮茶用水的选择，也曾做过不少研究。国外饮用红茶，首先注意汤色的明亮度，认为优质的红茶用适当的水冲泡才能获得适当的溶解物。现就评茶用水的选择、泡茶的水温、泡茶的时间及茶水比例分述如下：

（一）评茶用水的选择

陆羽《茶经》记有："其水，用山水上，江水中，井水下。其山水，拣乳泉、石池慢流者上。其瀑涌湍漱，勿食之……其江水，取去人远者。井取汲多者。"陆羽把山水，乳泉、石池漫流的水看成是最好的泡茶用水是有科学道理的。明朝张大复在《梅花草堂笔谈》中记有："茶性必发于水，八分之茶，遇十分之水，茶亦十分矣。八分之水，试十分之茶，茶只八分耳。"

1. 水的分类

水可分为天然水和人工处理水两大类，天然水又可分为地表水和地下水两种。地表水包括河水、江水、湖水等，这些水从地表流过，溶解的矿物质较少。地下水主要是井水、泉水等，这些水由于经过地层的浸滤，溶入了许多矿物质元素，并且由于水透过地质层，起到过滤作用，含泥沙、悬浮物和细菌较少，水质较为清亮。

2. 水中矿物质对茶汤的影响

氧化铁：新鲜水中含有低价氧化铁 0. 1 mg/L 时，茶汤发暗，滋味变淡，氧化铁含量愈高，影响愈大；如水中含有高价氧化铁，其影响比低价氧化铁更大。

铝：茶汤中含有 0. 1 mg/L 时，似无察觉；含有 0. 2 mg/L 时，茶汤产生苦味。

钙：茶汤中含有2 mg/L时，茶汤变坏带涩；含有4 mg/L时，滋味发苦。

镁：茶汤中含有2 mg/L时，茶味变淡。

铅：茶汤中加入少于0.4 mg/L时，茶味淡薄而有酸味；超过0.4 mg/L时，产生涩味；如在1 mg/L以上，味涩且有毒。

锰：茶汤中加入0.1～0.2 mg/L时，产生轻微的苦味；达到0.3～0.4 mg/L时，茶味更苦。

铬：茶汤中加入0.1～0.2 mg/L时，产生涩味；超过0.3 mg/L时，对品质影响很大。该元素在天然水中很少发现。

镍：茶汤中加入0.1 mg/L时，产生金属味。水中一般无镍。

银：茶汤中加入0.3 mg/L时，产生金属味。水中一般无银。

锌：茶汤中加入0.2 mg/L时，产生苦味。水中一般无锌，可能由于水与锌质自来水管接触而来。

盐类化合物：茶汤中加入1～4 mg/L硫酸盐时，茶味有些淡薄，但影响不大；达到6 mg/L时，有点涩味。

3. 水的硬度对茶汤的影响

水的硬度影响水的pH，茶叶汤色对pH高低很敏感。当pH小于5时，对红茶汤色影响较小；如pH超过5，总的色泽就相应地加深；当pH达到7时，茶黄素倾向于自动氧化而损失，茶红素则由于自动氧化而使汤色发暗，以致失去汤味的鲜爽度；若pH超过8，汤色显著发暗，这是因为pH增高，产生不可逆的自动氧化，形成大量的茶红素盐。所以泡茶用水的pH应在5以下，此时红茶汤色显金黄色，用天然软水或非碳酸盐硬度的水泡茶能获得同等明亮的汤色。

4. 评茶用水的处理

评茶用水的处理分净化与软化两个方面。净化主要是除去水中的悬浮性杂质，使水清亮透明。软化则是除去水中的溶解性杂质，达到饮用水质的标准。

水的净化处理主要是采用沉降、混凝和过滤的办法使水澄清。一杯浊水放置一小时后，大的泥沙颗粒迅速沉降于杯底，水渐变清，但到一定时候，水就不会继续澄清变亮，杯的下部浑浊，这是一些细小的悬浮物和胶体物所致。这时就需在杯中加入混凝剂，使细小的悬浮物及胶体物互相吸附，结合成较大的颗粒沉降下来，这就是“混凝”（或叫“凝聚”）。明矾是一种常用的混凝剂，它是一种复盐，在水中发生水解生成氢氧化铝，而氢氧化铝是一种溶解度很小的化合物，在近乎中性的天然水中，氢氧化铝带正电荷，而水中胶体物大多带负电荷，它们之间因发生电性中和作用和相互吸聚作用而使微粒逐渐变大，最后形成絮状，把一些不带电荷的悬浮物也裹入絮状物中一并沉降，从而使水质变清。过滤指通过粒状滤料层截留水中悬浮物，从而达到使水质清透的目的。

水的软化方法很多，有石灰软化法、电渗析法、反渗透法及离子交换软化法等。最为

常用的是离子交换软化法。深井水及矿藏丰富地区的井水，其含盐量有时高达 500 mg/L，硬度达 10～25 mg/L（当量），这种水必须经过离子交换树脂软化。

（二）泡茶的水温

陆羽《茶经》云："其沸，如鱼目，微有声，为一沸；缘边如涌泉连珠，为二沸；腾波鼓浪，为三沸。已上，水老，不可食也。"

审评泡茶用水的温度应达到沸滚起泡的程度，水温标准是 100 ℃。用这样的水冲泡茶叶才能使汤的香味更多地发挥出来，水浸出物也溶解得较多。用沸滚过度的水或不到 100 ℃的水来泡茶，都不能达到评茶的良好效果。水沸过久，会将溶解于水中的空气全部驱逐而使茶汤变为无刺激性。用这种开水泡茶，必将失去像用新沸滚的水所泡茶汤应有的新鲜滋味。如果用没有沸滚的水泡茶，则水浸出物不能最大限度地泡出。

水浸出物是茶叶经冲泡后所有可检测的可溶性物质。水浸出物含量多少在一定程度上反映茶叶品质的优劣。100 ℃的沸水泡出的水浸出物为 100%，80 ℃的热水泡出的水浸出物为 80%，60 ℃的温水泡出的水浸出物只有 45%。用沸水与温水冲泡后的水浸出物含量相差一倍多，游离氨基酸及多酚类物质的溶解度与冲泡水温完全呈正相关。另外，绿茶中富含维生素 C，其浸出量也是随着水温提升而增加的。用样茶 3 g，注入 150 mL 沸滚适度的 100 ℃沸水冲泡 5 min，能达到较为理想的茶汤品质。

此外，审评杯的冷热对茶叶品质审评也有影响。据测试，冷的审评杯在开水冲下去后，水温就降至 82.2 ℃，5 min 后降至 67.7 ℃。目前凡审评或品饮乌龙茶时，通常将审评杯先以开水烫热，便于准确鉴评其香味优次。审评其他茶叶品质时，也有先将审评杯用开水烫热，这样冲泡半分钟后水温只降至 88.8 ℃，3 min 后降至82.2 ℃，5 min 后降至 78.8 ℃，能取得良好的审评效果。至于泡饮细嫩名茶，从欣赏角度出发，为保持汤清叶绿，有的先以落滚开水注入杯中，然后放入茶叶。

（三）泡茶的时间及茶水比例

茶叶汤色的深浅明暗和汤味的浓淡爽涩，与茶叶中水浸出物的数量特别是主要呈味物质的浸出量和浸出率有密切关系。

1. 泡茶的时间

绿茶主要呈味成分各次冲泡后的浸出量：头泡最多，而后呈直线剧降。各成分的浸出速度有快有慢。例如，呈鲜甜味的氨基酸和呈苦味的咖啡碱最易浸出，头泡 2 min 的浸出量几乎占总浸出量的 2/3，头泡、二泡共 4 min 可浸出 90% 以上。而呈涩味的儿茶素浸出较慢，头泡浸出约 52%，二泡浸出约 30%，头泡、二泡共浸出约 80%。其中，滋味醇和的游离型儿茶素与收敛性较强的酯型儿茶素两者浸出速度亦有差别，以游离型儿茶素的浸出速度较快，头泡、二泡 4 min 共浸出约 87%，而酯型儿茶素浸出约 76%。

研究显示，在 10 min 内随着冲泡时间的延长，浸出量随之增加。其中，游离型氨基酸因浸出较易，3 min 与 10 min 浸出量相比出入甚微。多酚类化合物 5 min 与 10 min 浸出量相比，虽冲泡时间加倍，但浸出量增加不到 1/5。冲泡 5 min 以后的浸出物主要是多酚类化合物中残余的涩味较重的酯型儿茶素成分，这在滋味品质中属于不利成分。要形成良好的滋味，在适当的浓度基础上，涩味的儿茶素、鲜甜味的氨基酸、苦味的咖啡碱、甜味的糖类等呈味成分组成之间的相调和是最为重要的。实践证明，冲泡不足 5 min，汤色浅，滋味淡，红茶汤色缺乏明亮度（因为茶黄素的浸出速度慢于茶红素）。冲泡超过 5 min，汤色深，涩味的多酚类化合物特别是酯型儿茶素浸出量多，味感差。尤其是当水温高、冲泡时间长时，多酚类等化学成分自动氧化缩聚加强，导致绿茶汤色变黄，红茶汤色发暗。

在 150 mL 茶汤中，多酚类含量低于 0. 182 g 时味淡，高于 0. 182 g 时味浓，过多时又变涩。而多酚类与咖啡碱的浸出量须成一定的比例，以 3∶1较为适宜。

2. 茶水比例

审评茶叶品质时，往往多种茶样同时冲泡进行比较和鉴定，用水量必须一致。国际上审评红茶和绿茶，一般采用的比例是 3 g 茶用 150 mL 水冲泡。例如，毛茶审评杯容量为 250 mL，应称取茶样 5 g，茶水比例为 1∶50。但审评岩茶、铁观音等青茶，因品质要求着重香味并重视耐泡次数，用特制钟形茶瓯审评，其容量为 110 mL，投入茶样5 g，茶水比例为 1∶22。

三、项目实施

1. 项目步骤

（1）实训开始。

（2）准备器具和材料：评茶用具、温度计、矿泉水、薄荷水、自来水、炒青绿茶。

（3）按照以下方法操作：

选择 150 mL 审评杯三组。

训练 1：分别审评矿泉水、薄荷水、自来水，体验水的滋味。

训练 2：用煮沸过的自来水分别制成 30 ℃、60 ℃、100 ℃三种水温的水，同时分别倒入盛有 3 g 炒青绿茶的三只审评杯中，冲泡 4 min 后倒出茶汤，审评内质，体验不同水温对茶汤品质的影响。

训练 3：用煮沸的水冲泡三杯茶。第一杯投茶 5 g，第二杯投茶 3 g，第三杯投茶 1 g,分别冲泡 5 min 后审评茶叶内质，体验投茶量与茶叶内质审评的关系。

训练 4：用煮沸的水冲泡三杯茶，向审评杯中分别投入 3 g 茶叶。第一杯泡 1 min，第二杯泡 4 min，第三杯泡 8 min，审评茶叶内质，体验泡茶时间与茶叶内质审评的关系。

（4）将评茶用具放回原位，并摆放整齐。

（5）实训结束。

2. 实训安排

（1）实训地点：茶叶审评室。

（2）课时安排：实训授课2学时，共计90 min。其中教师示范讲解30 min，学生分组练习50 min，考核10 min。

（3）分组方案：每组4人（设组长1人）。

（4）实施原则：独立完成，组内合作，组间协作，教师指导。

四、项目预案

是否可以用自来水审评茶叶？

只要符合GB 5749—2006《生活饮用水卫生标准》的水均可以用来审评茶叶。自来水符合该标准，当然可以用来审评茶叶。但我们应该注意同一批茶叶审评用水水质应一致。

五、项目评价

本项目的评价考核评分表如表1-3所示。

表1-3　项目三评价考核评分表

分项	内容	分数	自评分（10%）	组内互评分（10%）	组间互评分（10%）	教师评分（70%）	实际得分
1	水的审评	25分					
2	泡茶水温对内质的影响	25分					
3	投茶量对内质的影响	25分					
4	泡茶时间对内质的影响	25分					
合计		100分					

六、项目作业

在茶叶冲泡时，泡茶水温、投茶量、泡茶时间对茶叶内质审评有何影响？

七、项目拓展

以学习小组为单位进行以下训练：

（1）用含有不同矿物质的水对审评茶叶进行冲泡，总结含有不同矿物质的水对茶叶色香味的影响（表 1-4）。

表 1-4　含有不同矿物质的水的影响

序号	项目	汤色	香气	滋味
1	钙			
2	铝			
3	氧化铁			

（2）用不同 pH 的水冲泡审评同一茶类，观察审评结果，总结 pH 对茶叶色香味的影响（表 1-5）。

表 1-5　不同 pH 的水的影响

序号	项目	汤色	香气	滋味
1	$pH < 7$			
2	$pH = 7$			
3	$pH > 7$			

（3）使用生活中的水，如矿泉水、自来水、山泉水、井水对审评茶叶进行冲泡，总结水的种类对茶叶色香味的影响（表 1-6）。

表 1-6　水的种类的影响

序号	项目	汤色	香气	滋味
1	矿泉水			
2	自来水			
3	山泉水			
4	井水			

项目四　审评基本程序

一、项目要求

掌握茶叶审评的基本程序，熟悉茶叶识别的五项因子和茶叶品质的鉴别。

二、项目分析

茶叶品质的好坏，主要是根据茶叶的外形、香气、汤色、滋味、叶底等，通过感官审评来决定的。

感官审评分为干茶审评（俗称干评）和开汤审评（俗称湿评）。一般来说，感官审评品质的结果应以湿评内质为主要依据，但因产销要求不同，也有以干评外形为主作为审评结果的。而且同类茶的外形、内质不平衡、不一致是常有的现象，如有的内质好、外形不好，有的外形好、色香味未必全好，所以审评茶叶品质应外形、内质兼评。

茶叶感官审评按外形、香气、汤色、滋味、叶底的顺序进行，现将一般评茶操作程序分述如下：

1. 把盘

把盘，俗称摇样匾或摇样盘，是审评干茶外形的首要操作步骤。

审评干茶外形，依靠视觉、触觉来鉴定。因茶类、花色不同，外在的形状、色泽是不一样的。因此，审评时首先应查对样茶，判别茶类、花色、名称、产地等，然后扦取有代表性的样茶（审评毛茶需 250～500 g，审评精茶需 200～250 g）。

审评毛茶外形一般是将样茶放入篾制的样匾里，双手持样匾的边沿，运用手势做前后左右的回旋转动，使样匾里的茶叶均匀地按轻重、大小、长短、粗细等不同有次序地分布，然后把均匀分布在样匾里的毛茶通过反转、顺转、收拢集中成馒头形，这种摇样匾的“筛”与“收”的动作使毛茶分出上、中、下三个层次。一般来说，比较粗长轻飘的茶叶浮在表面，叫面装茶，或称上段茶；细紧重实的茶叶集中于中层，叫中段茶，俗称腰档或肚货；体小的碎茶和片末沉积于底层，叫下身茶，或称下段茶。审评毛茶外形时，对照标准样，先看面装茶，看完面装茶后，拨开面装茶抓起放在样匾边沿，看中段茶，看后又用手拨在一边，再看下身茶。看三段茶，根据外形审评各项因子对样评比分析以确定等级时，要注意各段茶的比重，分析三段茶的品质情况。如面装茶过多，表示粗老茶叶多，身骨差，一般以中段茶多为好。如果下身茶过多，要注意是否属于本茶本末；条形茶或圆炒青如下身茶断碎片末含量高，表明做工、品质有问题。

审评圆炒青外形时，除了要先进行“筛”与“收”外，还要进行“削”（切）或“抓”的操作。用手掌沿馒头形茶堆面轻轻地像剥皮一样，一层一层地剥开，剥开一层，评比一层，一般削三四次，直到底层为止。操作时，手指要伸直，手势要轻巧，防止层次弄乱。最后还有一个“簸”的动作，在簸之前先把削好的各层毛茶向左右拉平（不能乱拉），然后将样匾轻轻地上下簸动三次，使样茶按颗粒大小从前到后依次均匀地铺满在样匾里。综合外形各项因子，对样评定干茶的品质优次。此外，审评各类毛茶外形时，还应手抓一把干茶嗅干香及手测水分含量。

审评精茶外形一般是将样茶倒入木质评茶盘中，双手拿住评茶盘的对角边沿，一手要拿住评茶盘的倒茶小缺口，同样用回旋筛转的方法使盘中茶叶分出上、中、下三层。一般先看面装茶和下身茶，然后看中段茶。看中段茶时，将筛转好的精茶轻轻地抓一把到手里，再翻转手掌看中段茶品质情况，并权衡身骨轻重。看精茶外形的一般要求：对样评比上、中、下三段茶的拼配比例是否恰当和相符，是否平伏匀齐不脱档。看红碎茶虽不能严格分出上、中、下三段茶，但评茶盘筛转后要对样评比粗细度、匀齐度和净度；同时抓一撮茶在盘中散开，使颗粒型碎茶的重实度和匀净度更容易区别。审评精茶外形时，各盘样茶容量应大体一致，便于评比。

2. 开汤

开汤，俗称泡茶或沏茶，为湿评内质的重要步骤（图1-4）。开汤前应先将审评杯碗洗净并擦干，按号码次序排列在湿评台上。一般红、绿、黄、白散茶，称取样茶3 g投入审评杯内，杯盖应放入审评碗内，然后用沸滚适度的开水以“慢—快—慢”的速度冲泡满杯，泡水量应齐杯口。冲泡从低级茶泡起，随泡随加杯盖，盖孔朝向杯柄，第一杯起即开始计时，绿茶冲泡4 min，红茶冲泡5 min，到规定时间按冲泡次序将杯内茶汤滤入审评碗内。倒茶汤时，杯应卧搁在碗口上，杯中残余茶汁应完全滤尽。各类茶冲泡时间见表1-7。

图1-4　开汤

表 1-7　各类茶冲泡时间

茶类	冲泡时间/min
绿茶	4
红茶	5
乌龙茶（条形、卷曲形）	5
乌龙茶（圆结形、拳曲形、颗粒形）	6
白茶	5
黄茶	5

茶叶开汤是为了在浸出时间和浸出浓度保持一致的情况下，更加合理地审评汤色和滋味。排列成一行的审评碗，从右到左顺次盛开水，并分两次盛满，第一次盛到七成，第二次盛满。

开汤后应先嗅香气，快看汤色，再尝滋味，后评叶底（审评绿茶有时应先看汤色）。

3. 嗅香气

嗅香气时，应一手拿住已倒出茶汤的审评杯，另一手半揭开杯盖，靠近杯沿用鼻轻嗅或深嗅（图 1-5），也有将整个鼻部深入杯内接近叶底以增加嗅感的。为了正确判别香气的类型、高低和长短，嗅时应重复一到二次，但每次嗅的时间不宜过久，一般在 3 s 左右。因为嗅觉易疲劳，嗅香过久，嗅觉会失去灵敏感；另外，杯数较多时，嗅香时间拖长，茶汤冷热程度不一，就难以评比。每次嗅评时都应将杯内叶底抖动翻个身，在未评定香气前，杯盖不得打开。

图 1-5　嗅香气

嗅香气应以热嗅、温嗅、冷嗅相结合进行。热嗅重点是辨别香气正常与否、香气类型及高低。但因茶汤刚倒出来，杯中蒸汽分子运动很强烈，嗅觉神经受到烫的刺激，敏感性会受到一定的影响。因此，辨别香气的优次，还是以温嗅为宜，准确性较大。冷嗅主要是了解茶叶香气的持久程度，或者在评比中有两种茶的香气在温嗅时不相上下，就可根据冷嗅的余香程度来加以区别。审评茶叶香气最适合的叶底温度是55 ℃左右；超过65 ℃时感到烫鼻，低于30 ℃时茶香低沉，特别是染有烟气、木气等异气茶的香味会随热气而挥发。

4. 看汤色

汤色靠视觉审评（图1-6）。茶叶开汤后，茶叶内含成分溶解在沸水中后溶液所呈现的色彩，称为汤色，又称水色，俗称汤门或水碗。审评汤色要及时，因茶汤中的有效成分与空气接触后很容易发生变化，所以有的茶叶的审评把看汤色放在嗅香气之前。汤色易受光线强弱、茶碗规格和容量、茶碗排列位置、沉淀物多少、冲泡时间长短等各种外因的影响。冬季评茶，汤色随汤温下降逐渐变深。在相同的温度和时间内，各种茶汤色变化比较：红茶大于绿茶，大叶种大于小叶种，嫩茶大于老茶，新茶大于陈茶。如果各碗茶汤水平不一，应加以调整。如茶汤中混入茶渣残叶，应用网匙捞出，然后用茶匙在碗里打一圆圈，使沉淀物旋集于碗底中央，然后开始审评，按汤色性质及深浅、明暗、清浊等评比优次。

图1-6 看汤色

5. 尝滋味

滋味是由味觉器官来区别的。不同茶类或同一茶类因产地不同各有独特的风味或味感特征，良好的味感是构成茶叶品质的重要因素之一。茶叶的不同味感是由茶叶的呈味物质的数量与组成比例不同而形成的。其味感有甜、酸、苦、辣、鲜、涩、咸、碱及金属味等。味觉感受器是满布舌面上的味蕾。味蕾接触到茶汤后，立即将受到刺激的兴奋波经过传入神经传导到中枢神经，经大脑综合分析后，产生不同的味觉。舌头各部分的味蕾对不同味感的感受能力不同。例如，舌尖最易为甜味所兴奋，舌的两侧前部最易感觉咸味，舌的两侧后部为酸味所兴奋，舌心对鲜味、涩味最敏感，近舌根部位则易被苦味所兴奋。

审评滋味应在看汤色后立即进行（图1-7），茶汤温度要适宜，一般以50 ℃左右较适合评味要求。如茶汤太烫时评味，味觉受强烈刺激而麻木，影响正常评味。如茶汤温度较低时评味，味觉受两方面因素影响：一是尝温度较低的茶汤时味觉灵敏度差；二是茶汤中与滋味有关的物质溶解在热汤中多而协调，随着汤温下降，原溶解在热汤中的物

质逐步析出，汤味由协调变为不协调。评茶味时用茶匙从审评碗中取一浅匙茶汤吮入口内。由于舌的不同部位对滋味的感觉不同，茶汤入口后在舌头上循环滚动，才能正确且较全面地辨别滋味。尝过滋味后的茶汤既可以喝下去，也可以吐入吐茶桶。当品尝另一碗茶汤时，匙中残留茶液应倒尽或在白开水汤中漂净，不致互相影响。审评滋味主要按浓淡、强弱、爽涩、鲜滞及纯异等评定优次。为了正确评味，在审评前最好不吃会强烈刺激味觉的食物，如辣椒、葱蒜、糖果等，且不宜吸烟，以保持味觉和嗅觉的灵敏度。

图 1-7　尝滋味

6. 评叶底

审评叶底主要靠视觉和触觉来判别（图 1-8）。根据叶底的老嫩、匀杂、整碎、色泽和展开与否等来评定优次，同时还应注意有无其他掺杂。

评叶底是指将杯中冲泡过的茶叶倒入叶底盘或放入审评杯盖的反面（也有放入白色搪瓷漂盘里的）进行审评，倒时要注意把细碎沾在杯壁、杯底和杯盖上的茶叶倒干净。用叶底盘或杯盖的，先将叶张拌匀、铺开、揿平，观察其嫩度、匀度和色泽的优次。如感到不够明显，可在盘里加茶汤揿平，再将茶汤徐徐倒出，使叶底平铺或翻转后观察，或将叶底盘反扑倒在桌面上观察。用漂盘看，则加清水漂叶，使叶张漂在水中观察分析。评叶底时，要充分发挥眼睛和手指的作用，先用手指按揿叶底的软硬、厚薄等，再看芽头和嫩叶含量，叶张卷摊、光糙、色泽及均匀度等区别好坏。

图 1-8　评叶底

茶叶品质审评一般通过上述茶叶的外形、香气、汤色、滋味、叶底五项因子的综合观察，才能正确评定品质优次和等级、价格的高低。实践证明，以上每项因子的审评不能单独反映整体品质，但每项因子又不是单独形成和孤立存在的，相互之间有密切的相关性，因此综合审评结果时，每项因子之间应做仔细的比较参证，然后再得出结论。对于不相上下或有疑难的茶样，有时应冲泡双杯审评，取得正确评比结果。总之，评茶时要根据不同情况和要求，有的选择重点项目审评，有的则要全面审评。凡进行感官审评，都应严格按照评茶操作程序和规则，以取得正确的结果。

三、项目实施

1. 项目步骤

（1）实训开始。

（2）准备器具：样茶盘、审评杯碗、叶底盘、茶匙、天平、定时钟等。

（3）准备茶样：绿茶 200 g、红茶 200 g、乌龙茶 200 g。

（4）扦样。

（5）把盘。

（6）看外形。

（7）开汤。

（8）热嗅香气。

（9）看汤色。

（10）温嗅香气。

（11）尝滋味。

（12）冷嗅香气。

（13）评叶底。

（14）实训结束。

2. 实训安排

（1）实训地点：茶叶审评室。

（2）课时安排：实训授课 2 学时，共计 90 min。其中教师讲解 30 min，学生分组练习 50 min，考核 10 min。

四、项目预案

项目预案如表 1-8 所示。

表 1-8　项目预案

步骤	要求	技能
扦样（取样）	科学、公正、全面，并有正确性和代表性	对角线取样法、分段取样法、随机取样法、分样器取样法
把盘	旋转平稳，分清上、中、下三段茶	运用双手做前后左右回旋转动，“筛”“收”相结合
看外形	全面仔细，上、中、下三段茶都要看到	反复把盘
开汤	准确称样，注入沸水量一致，水满至杯口	冲水速度：慢—快—慢
热嗅香气	辨别出香气正常与否、香气类型及高低	一手握杯柄，一手握杯盖头，上下轻摇几下，开盖嗅香，时间为 2～3 s
看汤色	碗中茶汤一致，无茶渣，沉淀物集中于碗中央	观察茶汤的颜色、浑浊度、亮度等
温嗅香气	辨别出香气的优次	同热嗅香气
尝滋味	茶汤温度 45 ℃～55 ℃，茶汤量 4～5 mL,尝滋味时间 3～4 s；吸茶汤速度要自然，不要太快	茶汤通过吸吮入口，布满舌面，再微微循环流动，闭嘴，体会舌面及口腔内的感受，最后喝下或吐出茶汤
冷嗅香气	辨别出香气持久程度或余香多少	同热嗅香气
评叶底	看嫩度、整碎、色泽及展开的程度	把叶底倒入杯盖或叶底盘中观察、感觉

五、项目评价

本项目的评价考核评分表如表 1-9 所示。

表 1-9　项目四评价考核评分表

分项	内容	分数	自评分（10%）	组内互评分（10%）	组间互评分（10%）	教师评分（70%）	实际得分
1	把盘	20 分					
2	开汤	16 分					
3	嗅香气	16 分					
4	看汤色	16 分					
5	尝滋味	16 分					
6	评叶底	16 分					
合计		100 分					

六、项目作业

（1）简述茶叶审评的基本流程。

（2）审评茶叶外形应注意些什么？

（3）审评茶叶香气应注意些什么？

（4）审评茶叶汤色应注意些什么？

（5）审评茶叶滋味应注意些什么？

（6）审评茶叶叶底应注意些什么？

七、项目拓展

请查阅资料 GB/T 23776—2018《茶叶感官审评方法》。

模块二

茶叶感观审评

我国生产的茶叶可分为绿茶、黄茶、黑茶、青茶（乌龙茶）、白茶和红茶六大基本茶类，它们均有各自的品质特征。各类茶的制法不同，使鲜叶中的主要化学成分特别是多酚类中的一些儿茶素发生不同程度的酶促或非酶促氧化，其氧化产物的性质也不同。绿茶、黄茶和黑茶在初制过程中，都先通过高温杀青，破坏鲜叶中的酶活性，抑制了多酚类的酶促氧化。绿茶继而经过揉捻、干燥，形成清汤绿叶的特征；黄茶和黑茶通过闷黄或渥堆工序使多酚类产生不同程度的非酶促氧化，黄茶形成黄汤黄叶，黑茶形成干茶油黑、汤色橙黄的特征。相反，红茶、青茶和白茶在初制过程中，都先通过萎凋，为促进多酚类的酶促氧化准备条件。红茶继而经过揉捻或揉切、发酵和干燥形成红汤红叶的特征；青茶又进行做青，使叶子边缘的细胞组织被破坏，多酚类与酶接触发生氧化，再经炒青固定氧化和未氧化的物质，形成汤色金黄和绿叶红边的特征；白茶经长时间萎凋后干燥，多酚类缓慢地发生酶促氧化，形成白色芽毫多、汤嫩黄、毫香毫味显的特征。

本模块我们将尝试掌握各大茶类的审评方法和品质特征。

项目一　绿茶审评

一、项目要求

了解绿茶的分类，掌握绿茶的感观品质特征，掌握绿茶的感官审评方法。

二、项目分析

（一）绿茶的品质特征

绿茶初制过程由杀青、揉捻（造形）、干燥三大工序组成，关键工序是杀青。由于杀青和干燥的方式不同，绿茶又分为炒青、烘青、晒青、蒸青四种类型。在初制过程中，由于高温湿热作用，多酚类部分氧化、热解、聚合和转化后，水浸出物的总含量有所减少，多酚类约减少 15%。其含量的适当减少和转化，不但使绿茶呈“清汤绿叶”，还减少了茶汤的苦涩味，使之变得更为爽口。

1. 炒青绿茶的品质特征

炒青绿茶在揉捻（造形）、干燥过程中，由于受到机械或手工力的作用不同，形成长条形、圆珠形、扁形、针形、螺形等不同的形状，故又分为长炒青、圆炒青、扁炒青、特种炒青等。

（1）长炒青的品质特征。

长炒青外形条索细嫩紧结，有锋苗，色泽绿润；内质香气高鲜，汤色绿明，滋味浓而爽口，富收敛性，叶底嫩绿明亮。

长炒青精制后称眉茶，成品的花色有珍眉、贡熙、雨茶、茶芯、针眉、秀眉、绿茶末等，各具不同的品质特征。

珍眉：条索细紧挺直或其形如仕女之秀眉，色泽绿润起霜；内质香气高鲜，滋味浓爽，汤色、叶底绿微黄明亮。

贡熙：为长炒青中的圆形茶，精制后称贡熙。外形颗粒近似珠茶，叶底尚嫩匀。

雨茶：原系由珠茶中分离出来的长形茶，现在大部分从眉茶中获取。外形条索细短尚紧，色泽绿匀；内质香气纯正，滋味尚浓，汤色黄绿，叶底尚嫩匀。

出口眉茶标准样分为特珍、珍眉、秀眉、雨茶、贡熙。各花色品质要求：品质正常，不着色，不添加任何香味物质，无异味，不含非茶类夹杂物。

（2）圆炒青的品质特征。

圆炒青外形颗粒圆紧。因产地和采制方法不同，珠茶颗粒更细圆紧结，色泽灰绿起霜，香味较浓厚，但汤色叶底稍黄。

（3）扁炒青的品质特征。

扁炒青形状扁平光滑，因产地和制法不同，分为龙井、旗枪、大方三种。

（4）特种炒青的品质特征。

特种炒青有针形（直条形）、卷曲形、芽形、片形、自然花朵形等，形状很多。针形绿茶主要有南京雨花茶、安化松针、信阳毛尖、恩施玉露、古丈毛尖等，卷曲形绿茶主要有洞庭碧螺春、都匀毛尖、崂山绿茶等，芽形绿茶有湄潭翠芽、蒙顶石花、竹叶青、金坛雀舌、太湖翠竹等，片形绿茶有六安瓜片、太平猴魁等，自然花朵形绿茶有安吉白茶（凤形）、岳西翠兰、舒城小兰花等。由于产地、品种、加工方式不同，特型绿茶产品多。其品质特征：香高、形美、色绿、味浓。

2. 烘青绿茶的品质特征

烘青绿茶主要是在初制过程中采用烘笼或烘干机干燥而成的毛茶。原料嫩度好的制作高档烘青名优绿茶；中档的原料制作的烘青毛茶经精制后大部分作窨制花茶的茶坯，香气一般不及炒青高，但最易吸附花的香气成分而成为各种花茶。

（1）烘青毛茶的品质特征。

烘青毛茶外形条索紧直完整，显锋毫，色泽深绿油润；内质香气清高，汤色清澈明亮，滋味鲜醇，叶底匀整、嫩绿、明亮。

（2）烘青茶坯的品质特征。

烘青毛茶经精制后的成品茶外形条索紧结细直，有芽毫，平伏匀称，色泽深绿油润；内质香味较醇厚，但汤色、叶底稍黄。

（3）烘青花茶的品质特征。

烘青花茶外形与原来所用的茶坯基本相同，内质主要是香味，特征因所用鲜花（如茉莉、百兰、玳玳、珠兰、柚子等）不同而有明显差异。与茶坯比较，窨花后香气鲜灵、浓厚、清高、纯正，滋味由鲜醇变为浓厚鲜爽，涩味减轻而苦味略增，干茶、茶汤、叶底都略黄。

（4）特种烘青绿茶的品质特征。

为了适应市场消费者需要，特种烘青绿茶多半采用半烘半炒的形式，主要有黄山毛峰、天山绿茶、顾诸紫笋、江山绿牡丹、峨眉毛峰、覃塘毛尖、金水翠峰、峡州碧峰、南糯白毫等。其品质特征：色绿、香郁、味爽等。

3. 晒青绿茶的品质特征

晒青绿茶是指鲜叶用锅炒高温杀青，经揉捻、日晒方式干燥的绿茶。

晒青绿茶以云南大叶种的品质最好，称为“滇青”，其他如川青、黔青、桂青、鄂青等品质都不及滇青。老青毛茶因原料粗老，堆积后变成黑茶，压制老青砖。

晒青绿茶大部分就地销售，部分再加工成压制茶后内销、边销或侨销。在再加工过程中，不堆积的如沱茶、饼茶等仍属绿茶；经过堆积的如紧茶、七子饼茶（圆茶）实质上与青砖茶相同，应属黑茶类。

（1）晒青毛茶的品质特征。

① 滇青毛茶：外形条索肥壮，显锋苗，色泽深绿油润，有白毫；内质香气高，汤色黄绿明亮，滋味浓醇，收敛性强，叶底肥厚。

② 老青毛茶：外形条索粗大，色泽乌绿，嫩梢乌尖，白梗，红脚，不带麻梗。湿毛茶晒青属绿茶，堆积后变成黑茶。

（2）晒青压制茶的品质特征。

晒青压制茶外形完整，松紧适度，洒面茶分布均匀，里茶不外露，无起层脱面，不龟裂，不残缺。内质按加工过程中是否堆积，分为晒青压制绿茶和晒青压制黑茶两种。前者汤色黄而不红，滋味浓而欠醇；后者汤色黄红，滋味醇而不涩。

① 沱茶：外形呈碗臼状，色泽暗绿，露白毫；内质香气清正，汤色橙黄，滋味浓厚甘和，叶底尚嫩匀。

② 饼茶：有方饼、圆饼两种。外形端正，色泽灰黄；内质香气纯正，汤色黄明，滋味浓厚略涩，叶底尚嫩花杂。

4. 蒸青绿茶的品质特征

蒸汽杀青是我国古代杀青方法，唐代时传至日本，相沿至今；而我国自明代起即改为锅炒杀青。蒸青绿茶是指鲜叶用蒸汽杀青，经初烘（脱水）、揉捻、干燥等工艺制成的绿茶。蒸汽杀青是利用蒸汽量来破坏鲜叶中的酶活性，形成干茶色泽深绿、茶汤浅绿和叶底青绿的“三绿”品质特征，但香气较闷带青气，涩味也较重，不及锅炒杀青绿茶那样鲜爽。蒸青绿茶因鲜叶不同，可分为两种：

（1）覆盖鲜叶。

茶树在春茶开采前15～20天搭阴棚，遮断日光直射，使茶芽在间接阳光的条件下生长，以降低多酚类化合物的生成，增加叶绿素和蛋白质的含量，保持茶芽嫩度，使色泽更为翠绿，如日本玉露茶、碾茶等。

① 日本玉露茶：日本名茶之一。外形条索细直、紧圆、稍扁，呈松针状，色泽深绿油润；内质香气具有一种特殊的有点像紫菜般的香气（日本称之为“蒙香”），汤色浅绿、清澈、明亮，滋味鲜爽，甘涩调和，叶底青绿、匀称、明亮。

② 碾茶：鲜叶经蒸汽杀青，不经揉捻，直接烘干而成。叶态完整松展，呈片状，

似我国的六安瓜片，色泽翠绿；内质香气鲜爽，汤色浅绿明亮，滋味鲜和，叶底翠绿。泡饮时要碾碎成末，供“茶道”用的叫“抹茶”。

（2）不覆盖鲜叶。

除日本生产的煎茶、玉绿茶、番茶等外，俄罗斯、印度、斯里兰卡等国也都有生产。其色泽虽较翠绿，但香味都较覆盖鲜叶制成的差。

日本煎茶是日本蒸青绿茶的大宗茶，其外形虽似日本玉露茶，但条索和色泽不及日本玉露茶紧秀、深绿、油润；内质香味欠鲜爽而较浓涩，嫩度也稍低。

因对外贸易需要，我国近年来也生产少量蒸青绿茶。

① 恩施玉露：产于湖北恩施。鲜叶采摘标准为一芽一二叶，现采现制。外形条索细紧、匀齐、挺直，形似松针，光滑油润，呈鲜绿豆色；内质汤色浅绿明亮，香气清高鲜爽，滋味浓醇可口，叶底翠绿匀整。

② 中国煎茶：产于浙江、福建和安徽三省。外形条索细紧挺直，呈针状，色泽鲜绿或深绿油润；内质茶汤澄清，呈浅黄绿色，有清香，滋味醇和略涩，叶底青绿色。

（二）我国部分名优绿茶

1. 山东部分名优绿茶

日照绿茶（图 2-1）：产于山东省日照市。具有汤色黄绿明亮、栗香浓郁、回味甘醇、叶片厚、香气高、耐冲泡等独特优良品质，被誉为“中国绿茶新贵”。因为日照地处北方，昼夜温差极大，所以这种茶叶生长缓慢，但也正因如此而具备了南方茶所没有的特点。中国农业科学院茶叶研究所对日照绿茶的评价：香气高、滋味浓、叶片厚、耐冲泡，属中国高档绿茶。

崂山绿茶（图 2-2）：产于山东省青岛市崂山区。崂山茶场在号称“北国小江南”的崂山太清景区的山脚下，这里出产的绿茶色、香、味、形俱佳，冲饮清香宜人。崂山绿茶具有叶片厚、豌豆香、味浓、耐冲泡等特征，其按鲜叶采摘季节分为春茶、夏茶、秋茶，按鲜叶原料和加工工艺分为卷曲形绿茶和扁形绿茶。2006 年 10 月，原国家质检总局批准对崂山绿茶实施地理标志产品保护。

图 2-1　日照绿茶

图 2-2　崂山绿茶

泰山绿茶（图 2-3）：山东省泰安市泰山区特产。外形卷曲细紧、匀整、匀净，色

泽绿润，香气馥郁，具有春茶的主要品质特征。2012 年 12 月 7 日，原中华人民共和国农业部批准对泰山绿茶实施国家农产品地理标志登记保护。

海青茶（图 2-4）：产于山东省青岛市海青镇。外形较南方茶硕壮重实，色泽墨绿；内质香气栗香浓郁，汤色黄绿明亮，滋味鲜爽，叶底绿亮。水浸出物含量高，一般在 42%～46% 之间，表现出滋味浓的显著特点。海青茶的品质特征：叶片厚、香气高、滋味浓、耐冲泡。可以形象地称其具有“黄绿汤、栗子香”的显著特色。

图 2-3　泰山绿茶

图 2-4　海青茶

2．其他地区名优绿茶

西湖龙井（图 2-5）：产于浙江省杭州西湖的狮峰、龙井、五云山一带、虎跑、梅家坞一带，以色翠、香郁、味醇、形美四绝著称。外形扁平光滑，色翠略黄，似糙米色；内质汤色碧绿清莹，香气幽雅清高，滋味鲜美醇和，叶底细嫩成朵。

信阳毛尖（图 2-6）：产于河南省信阳市。外形条索细直，色泽翠绿，白毫显露；内质汤色清绿明亮，香气高鲜，滋味鲜醇，叶底芽壮，嫩绿匀称。

图 2-5　西湖龙井

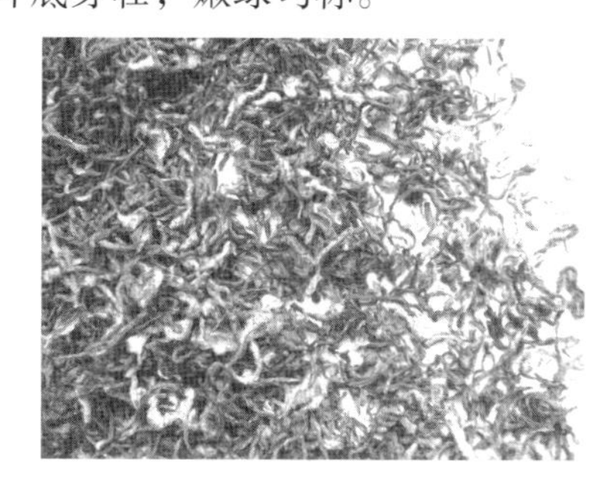

图 2-6　信阳毛尖

碧螺春（图 2-7）：产于江苏省苏州市太湖的洞庭东、西二山，以洞庭石公、建设和金庭等为主产区，以芽嫩、工细著称。外形条索纤细，成螺，白毫满披，银绿隐翠；内质汤色清澈明亮，嫩香明显，滋味浓郁，鲜爽生津，回味绵长，叶底嫩绿显翠。

黄山毛峰（图 2-8）：产于安徽省著名的黄山境内。外形叶肥壮匀齐，白毫显露，黄绿油润；内质汤色清澈明亮，清香高爽，味鲜浓醇和，叶底匀嫩成朵、匀齐活润。

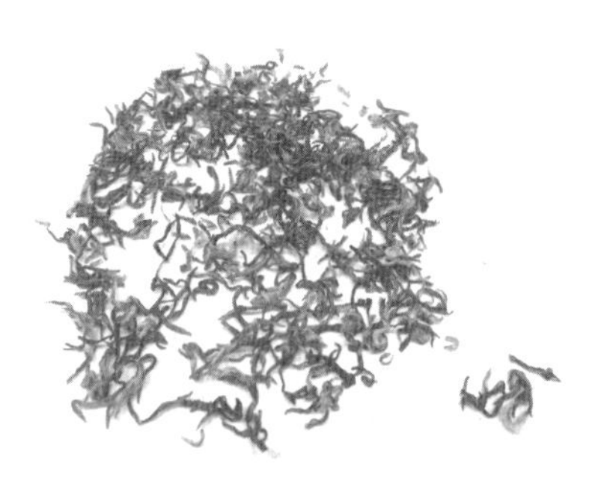

图 2-7　碧螺春

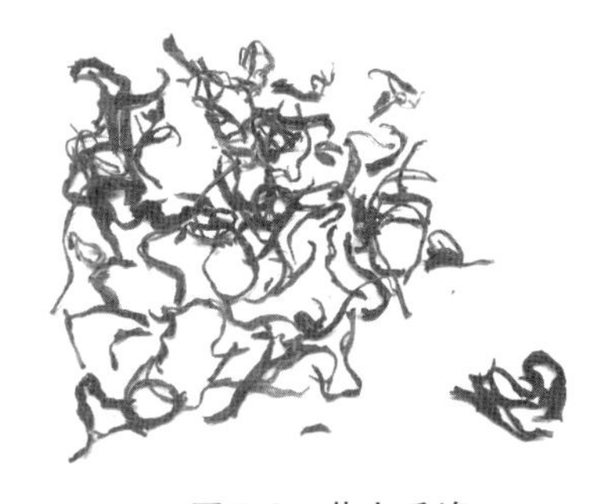

图 2-8　黄山毛峰

太平猴魁（图 2-9）：产于安徽省黄山市黄山区新明乡和龙门乡。外形色泽翠绿有光泽，白毫多而显露；内质汤色黄绿，清澈明亮，香气纯正，滋味醇和稍淡。

六安瓜片（图 2-10）：产于长江以北、淮河以南的皖西大别山茶区，以安徽省六安、金寨、霍山三地所产最为著名。外形片状，叶微翘，形似瓜子，色泽杏绿润亮；内质汤色清绿泛黄，香气芬芳，滋味鲜浓，回味甘美，叶底黄绿明亮。

图 2-9　太平猴魁

图 2-10　六安瓜片

安吉白茶：产于浙江省湖州市安吉县。由一种特殊的白叶茶品种中白色的嫩叶按绿茶的制法加工制作而成的绿茶。叶张玉白，叶脉翠绿，叶片莹薄，外形条索细紧，外观色泽为绿色；冲泡后形似凤羽，滋味鲜爽，汤色鹅黄，清澈明亮，回味甘甜。

（三）绿茶及绿茶坯花茶感官审评术语

1. 绿茶及绿茶坯花茶干茶形状

细紧：茶叶细嫩，条索细长紧卷而完整，锋苗好。

紧秀：茶叶细嫩，细紧秀长，显锋苗。

纤细：茶叶幼嫩，条索细小且苗条，多锋苗。

挺秀：茶叶细嫩，造型好，挺直、秀气、尖削。

盘花：先将茶叶加工揉捻成条形，再炒制成圆形或椭圆形的颗粒状。

卷曲：呈螺旋状或环状卷曲，为高档绿茶的特殊造型。

卷曲如螺：条索卷紧后呈螺旋状，为碧螺春等卷曲形名优绿茶的造型。

细圆：颗粒细小圆紧，嫩度好，身骨重实。

圆结：颗粒圆而紧结重实。

圆整：颗粒圆而整齐。

圆实：颗粒圆而稍大，身骨较重实。

粗圆：茶叶嫩度较差，颗粒稍粗大尚成圆。

粗扁：茶叶嫩度差，颗粒粗松带扁。

团块：颗粒大如蚕豆或荔枝核，多数为嫩芽叶黏结而成，为条形茶或圆形茶中加工有缺陷的干茶外形。

黄头：叶质较老，颗粒粗松，色泽露黄。

蝌蚪形：圆茶带尾，条茶一端扭曲而显粗，形似蝌蚪。

圆头：条形茶中结成圆块的茶，为条形茶中加工有缺陷的干茶外形。

扁削：扁平而尖锋显露，扁茶边缘如刀削过一样齐整，不起丝毫皱折，多为高档扁形茶外形特征。

尖削：芽尖如剑锋。

扁平：扁形茶外形扁坦平直。

光滑：茶条表面平洁油滑，光润发亮。

光扁：扁平光滑，多为高档扁形茶的外形。

光洁：茶条表面平洁，尚油润发亮。

紧条：扁形茶长宽比不当，宽度明显小于正常值。

狭长条：扁形茶扁条过窄、过长。

宽条：扁形茶长宽比不当，宽度明显大于正常值。

折叠：形状不平呈皱叠状。

宽皱：扁形茶扁条折皱而宽松。

浑条：扁形茶的茶条不扁而呈浑圆状。

扁瘪：叶质瘦薄少肉，扁而干瘪。

细直：细紧圆直，两端略尖，形似松针。

茸毫密布、茸毛披覆：芽叶茸毫密密地覆盖着茶条，为高档碧螺春等多茸毫绿茶的外形。

茸毫遍布：芽叶茸毫遮掩茶条，但覆盖程度低于密布。

脱毫：茸毫脱离芽叶，为碧螺春等多茸毫绿茶加工中有缺陷的干茶形状。

2. 绿茶及绿茶坯花茶干茶色泽

嫩绿：浅绿嫩黄，富有光泽；也适用于高档绿茶的汤色和叶底色泽。

嫩黄：金黄中泛出嫩白色，为高档白叶类茶，如安吉白茶等干茶、叶底特有色泽；也适用于黄茶干茶、汤色及叶底色泽。

深绿：绿色较深。

绿润：色绿而鲜活，富有光泽。

起霜：茶条表面带银白色，有光泽。

银绿：白色茸毛遮掩下的茶条，银色中透出嫩绿的色泽，为茸毛显露的高档绿茶色泽特征。

黄绿：以绿为主，绿中带黄；也适用于汤色和叶底。

绿黄：以黄为主，黄中泛绿，比黄绿差；也适用于汤色和叶底。

灰褐：色褐带灰无光泽。

露黄：面张含有少量黄朴、片及黄条。

灰黄：色黄带灰。

枯黄：色黄而枯燥。

灰暗：色深暗，带死灰色。

3. 绿茶及绿茶坯花茶汤色

绿艳：汤色鲜艳，似翠绿而微黄，清澈鲜亮，为高档绿茶的汤色。

杏绿：浅绿微黄，清澈明亮。

碧绿：绿中带翠，清澈鲜艳。

深黄：黄色较深，为品质有缺陷的绿茶的汤色；也适用于中低档茉莉花茶的汤色。

红汤：汤色发红，为变质绿茶的汤色。

4. 绿茶坯茉莉花茶香气

鲜灵：花香新鲜充足，一嗅即有愉快之感，为高档茉莉花茶的香气。

鲜浓：香气物质含量丰富、持久，花香浓，但新鲜悦鼻程度不如鲜灵，为中高档茉莉花茶的香气；也用于高档茉莉花茶的滋味，鲜洁爽口，富收敛性，味中仍有鲜花香。

浓：花香浓郁、持久。

鲜纯：茶香、花香纯正、新鲜，花香浓度稍差，为中档茉莉花茶的香气；也适用于中档茉莉花茶的滋味。

幽香：花香细腻、幽雅、柔和持久。

纯：花香或茶香正常，无其他异杂气。

鲜薄：香气清淡，较稀薄，用于低窨次花茶的香气。

香薄、香弱、香浮：花香短促、薄弱，浮于表面，一嗅即逝。

透素：花香薄弱，茶香突出。

透兰：茉莉花香中透露白兰花香。

香杂：花香混杂不清。

欠纯：香气中夹有其他异杂气。

5. 绿茶及绿茶坯花茶滋味

粗淡：茶味淡而粗糙，花香薄弱，为低级别茉莉花茶的滋味。

熟闷味：软熟沉闷不爽。

杂味：滋味混杂不清爽。

6. 绿茶及绿茶坯花茶叶底

单张：脱茎的单片叶子，叶质柔软。

卷缩：冲泡后，叶张仍卷或松卷着成条形。

红梗红叶：茎叶泛红，为绿茶品质弊病。

青张：夹杂青色叶片；也适用于乌龙茶叶底色泽。

靛青、靛蓝：叶底中夹带蓝绿色芽叶，为紫芽种或部分夏秋茶的叶底特征。

三、项目实施

1. 项目步骤

（1）实训开始。

（2）准备器具：样茶盘、审评杯碗、叶底盘、茶匙、天平、定时钟等。

（3）准备茶样：都匀毛尖、崂山绿茶、海青茶、日照绿茶、西湖龙井、碧螺春、信阳毛尖、黄山毛峰、太平猴魁、六安瓜片，并编号。

（4）按照模块一中的项目四分别审评 1～4 号茶样、5～8 号茶样、9～12 号茶样、13～16 号茶样、17～20 号茶样。

（5）收样。

（6）收具。

（7）实训结束。

2. 实训安排

（1）实训地点：茶叶审评室。

（2）课时安排：实训授课 20 学时，每 2 个学时审评 4 个茶样，每个茶样可重复审评一次。每 2 个学时 90 min，其中教师讲解 30 min，学生分组练习 50 min，考核 10 min。

四、项目预案

（一）毛茶

1. 炒青毛茶

（1）加工工艺。

加工工艺流程：杀青→揉捻→干燥。

① 杀青。

杀青是形成绿茶品质的关键性技术措施。其主要目的：一是彻底破坏鲜叶中酶的活性，制止多酚类化合物的酶促氧化，以获得绿茶应有的色、香、味；二是散发青草气，发展茶香；三是蒸发一部分水分，使之变得柔软，增强韧性，便于揉捻成形。

杀青的原则：一是“高温杀青，先高后低”；二是“抛闷结合，多抛少闷”；三是“老叶嫩杀，嫩叶老杀”。

杀青叶适度的标志：叶色由鲜绿转为暗绿，无红梗、红叶，手捏叶软，略微粘手，嫩茎梗折不断，紧捏叶子成团，稍有弹性，青草气消失，茶香显露。

② 揉捻。

揉捻的目的是缩小体积，为炒干成形打好基础，同时适当破坏叶组织，既要使茶汁容易泡出，又要耐冲泡。

揉捻一般分热揉和冷揉。所谓热揉，就是杀青叶不经堆放趁热揉捻；所谓冷揉，就是杀青叶出锅后，经过一段时间的摊放，使叶温下降到一定程度时揉捻。较老叶纤维素含量高，揉捻时不易成条，宜采用热揉；高级嫩叶揉捻容易成条，为保持良好的色泽和香气，宜采用冷揉。

目前绝大部分茶叶都采取揉捻机来进行揉捻，即把杀青好的鲜叶装入揉桶，盖上揉捻机盖，加一定的压力进行揉捻。加压的原则是“轻—重—轻”，即先要轻压，然后逐步加重，再慢慢减轻，最后不加压再揉 5 min 左右。揉捻叶细胞破坏率一般为 45%～55%，茶汁黏附于叶面，手摸有润滑粘手的感觉。

③ 干燥。

炒青绿茶的干燥主要采用用锅炒干的方法，其目的包括：第一，叶子在杀青的基础上继续使内含物发生变化，提高内在品质；第二，在揉捻的基础上整理条索，改进外形；第三，排出过多水分，防止霉变，便于贮藏。

炒青绿茶的干燥主要分为炒二青、炒三青和辉锅三道工序。辉锅是最后一道工序，操作要领：文火长炒，投叶适量。开始时锅温 100 ℃左右，之后逐渐降至 60 ℃～70 ℃。温度过高，干燥过快，条索不紧结，色泽易黄；温度过低，干燥过慢，香味不好，色泽枯暗。投叶量过多，虽有利于紧条，但影响茶香透发，增加断碎；投叶量过少，加工叶相互挤压力小，条索欠紧。实际操作时，前期多抛，后期适当多闷，炒至水分含量为 5% 左右时出锅摊凉。

（2）审评要点。

关于炒青毛茶的审评，重点审评外形和内质。

外形审评：主要审评老嫩、条索松紧、整碎和净度四项因子。其中，以老嫩、条索松紧为主，整碎、净度为辅。先评面张茶的条索松紧、匀度、净度和色泽；再评中段茶的老嫩、条索松紧；最后评下段茶的整碎，即碎、片、末茶的含量。长炒青一般以条索紧直细嫩（圆炒青为紧结重实）、芽叶完整为好，以粗松、轻飘、弯曲、扁平为差。色泽以灰润、明亮为好，以灰暗、泛黄为差。净度以老梗、朴片和非茶类夹杂物少为好，反之则差。

内质审评：主要审评汤色、香气、滋味和叶底四项因子。汤色评绿色度、明亮度和浑浊度。一般以汤色黄绿或绿黄、清澈明亮为好，以黄红、暗黄和浑暗为差。香气以栗香、清香、花香、果香和甜香为优，以淡薄、低沉、粗老为差。滋味以浓烈、鲜浓为好，以粗淡、苦涩为差。叶底以翠绿、嫩绿为好，以青张、红梗、红叶为差。

2. 烘青毛茶

（1）加工工艺。

加工工艺流程：杀青→初揉→烘二青→复揉（二揉）→烘三青→三揉→烘干。

① 杀青。

烘青绿茶的杀青技术和要求与炒青绿茶基本相同，详见炒青绿茶的杀青。

② 揉捻。

由于烘青绿茶的成形基本上在揉捻工序完成，所以揉捻技术操作与程度上的掌握与炒青绿茶有所区别，主要表现在以下几个方面：

a. 烘青绿茶更强调嫩叶冷揉，中档叶温揉，老叶热揉，以利于各档原料茶的揉捻成条及形成深绿甚至墨绿色泽。

b. 烘青绿茶还强调筛分复揉，尤其是鲜叶原料老嫩混杂时，筛分复揉便于粗大茶条揉紧成条，保持芽叶完整，减少碎末茶。

c. 烘青绿茶揉捻适度的要求：嫩叶揉熟不揉糊，老叶揉紧不揉松，嫩叶成条率达到 90% 以上，老叶成条率达到 60% 以上，细胞破碎率在 45% 左右。

烘青绿茶揉捻后细胞破坏率比炒青绿茶轻，原因是烘青绿茶主要用来精制后进行窨花，要求滋味醇和、耐冲泡、条索匀整。

③ 干燥。

烘青绿茶的干燥包括烘二青、烘三青和烘干。

a. 烘二青。烘青绿茶的烘二青要求掌握高温、快速、薄摊。一般要求烘干机进风口温度达到 120 ℃～130 ℃，主机转速为中速或快速，摊叶厚度为 1～2 cm。

b. 烘三青。烘青绿茶的烘三青要求烘干机进风口温度为 80 ℃～90 ℃，主机转速为慢速或中速，摊叶厚度为 2～3 cm。

c. 烘干。烘青绿茶的烘干分为毛火和足火。毛火的要求与烘二青基本相同，足火的要求与烘三青基本相同，但毛火后应摊凉冷却后再打足火。

（2）审评要点。

烘青毛茶的审评要点与炒青毛茶基本相同。需要说明的是，烘青毛茶的干茶色泽以绿润为优，以枯暗为差；嫩度以细嫩显毫为优；香气以清香为优，以焦香、高火香为差；滋味以醇和为优。

3. 蒸青毛茶

（1）加工工艺。

加工工艺流程：蒸汽杀青→粗揉→揉捻→中揉→精揉→干燥（烘干）。

由于现在的蒸青绿茶多采用机械化连续生产，因此每个工序完成后，加工叶即自动进入下一个工序，最后出来的即为干茶产品。具体工艺流程如下：

鲜叶进入蒸汽杀青机内，用100 ℃的热蒸汽将鲜叶进行杀青，彻底破坏酶活性，约30 s后，叶温可达98 ℃。此后，叶子进入叶打机，冷却并去除叶表多余的水分，进行粗揉。

粗揉时，通入95 ℃左右的热风，目的是使部分水分散失，叶子减重55%左右。粗揉时间约45 min。

再揉捻20 min左右，使加工叶初步成条，然后进行中揉。

中揉时边揉捻边通入热风，使水分继续散失。约经40 min，叶子减重70%时，进行精揉。

精揉温度90 ℃，使叶温达40 ℃左右。约经40 min，叶子减重75%时，进行烘干。

烘干时烘温80 ℃，约经30 min，加工叶含水量达5%时，即完成烘干。摊凉冷却后即可进行包装。

（2）审评要点。

外形审评：主要审评形状和色泽。形状以条形细长呈棍棒形、挺直重实、紧结匀整、芽尖显露且完整为好；以条形折皱、弯曲、松扁次之；外形断碎，下段茶多为差。色泽以翠绿调匀为好，以黄暗花杂为差。

内质审评：汤色以浅绿、鲜绿、清澈明亮为好，青绿、浅黄绿次之，以深黄、暗浊、泛红为差。香气以鲜嫩带花香、清香、海藻香为好，带青草气、烟焦气为差。滋味以浓厚、新鲜、调和、有海藻味为好，以涩、粗、熟闷味为差。叶底主要评色泽，以青绿色为好，以黄褐及红梗、红叶为差。

（二）精制绿茶

绿茶的精制加工是指对绿毛茶进行筛分、轧切、风选、干燥、匀堆、拼配等，精制加工成眉茶和珠茶。通过对这两种茶的审评，同学们可以掌握毛茶和精制茶在外形和内质上的区别和联系，同时可为绿茶精制中存在的问题提供意见和建议。

1. 精制眉茶

（1）加工工艺。

精制的主要目的是通过风选、筛分等工序，达到整理外形、划分等级、提高净度、调制品质、提高香味的目的，充分发挥原料的经济价值。

精制加工一般采用单级付制、多级收回方法，甚为精细。其基本分为三路，即本身

路、圆身路和筋梗路。

① 本身路。

毛茶经复火滚条，初步筛分后，能通过特定筛孔的茶叶，通常条索紧结，锋苗好，香味纯正，叶底较完整，符合成品茶的质量要求，这种茶称为“本身茶”。本身茶的加工工艺流程即为“本身路”。本身路的一般流程：毛茶复火→滚条→筛分→毛撩→前紧门→复撩→机拣→风选→手拣→补火→车色→后紧门→净撩→清风→入库待拼。

② 圆身路。

在精制中筛分出来的毛茶头，抖筛筛面茶一般多为圆形，称为“圆身茶”。圆身茶的精制工艺流程即为“圆身路”。圆身路的一般流程：将圆身茶先切分，再经分筛、拣梗、风选等工序。

③ 筋梗路。

眉茶精制中拣剔出来的筋梗等称为“筋梗茶”。筋梗茶来源广、数量少、净度差、加工难、潜力大，应精工细做。筋梗茶的加工流程称为“筋梗路”。筋梗路的一般流程：将筋梗茶先切分，再经分筛、拣梗、风选、车色等工序。

（2）审评要点。

外形审评：外形条索以紧结圆直、完整重实、有锋苗为好，以条索不圆、紧中带扁、短秃次之，以粗松、弯曲、短碎为差。色泽以绿润起霜为好，以色黄枯暗为差。整碎以上、中、下三段茶比例恰当，匀整为好；以脱档茶、下段茶多为差。净度以纯净为好，以有筋、梗、片和非茶类夹杂物为差。

内质审评：汤色以黄绿明亮为好，以黄暗浑浊为差。香气以清香或栗香高长为好，以有烟焦气或其他异气为差。滋味以浓醇爽口、回味甘甜为好，以苦涩、粗淡或有异味为差。叶底以嫩匀、明亮为好，以色暗、花杂为差。

2. 精制珠茶

（1）加工工艺。

珠茶精制分圆身路、轧货路、雨茶路三路进行。

① 圆身路。

原料为从圆毛茶中直接筛分出来的各孔颗粒形茶。茶叶外形圆紧，叶质细嫩。

圆身路由生取、炒车、熟取、净取、匀堆装箱等作业阶段组成，共17道工序。

生取是指毛茶投料先不进行加温作业而直接分筛取料，其主要任务是分路定级，做到各级各孔在制品的大小、轻重基本一致。这一工段对产品质量和经济效益有决定性作用。

炒车即珠茶精制的加温作业。炒车的目的是提高珠茶的圆紧度，使色泽绿润起霜。

熟取、净取工段是决定产品质量的重点阶段，需进行大量的筛、抖、扇、拣作业，工序较繁复。绍兴茶厂按茶叶的不同品类，分重货、轻货、雨茶和下段茶四条流水线进行作业。由于茶叶质量规格不同，四条流水线的工艺亦有差别：重货流水线作业是熟抖、净撩、净扇定级出段；轻货流水线是熟抖、熟撩、熟扇、熟抖、机拣、净撩、净扇；雨茶路是分筛定级、机拣、净撩、净扇；下段茶作业是抖筛割末、净扇定级出段。这一工段总的要求是做到筛档正、分级清、圆长分清、杂质除净、按质取料，正确定型定级。

匀堆装箱是精制的最后一环，亦是保证质量的重要环节。这一工段包括发茶、输茶、卸茶、出茶、拌和、司磅、扦样、装箱等工序。

② 轧货路。

原料为较粗大的毛茶头经过轧切断碎后筛分出的各孔茶。茶叶较粗老，香味较差。

轧货路同样由生取、炒车、熟取、净取、匀堆装箱等作业阶段组成，共19道工序。

③ 雨茶路。

原料为从圆身茶与轧货茶的抖筛工序抖筛下的各孔长条形茶叶中嫩度较好的茶叶。

雨茶路由熟取、净取、匀堆装箱等作业阶段组成，共9道工序。

（2）审评要点。

外形审评：形状以颗粒紧结、圆滑如珠、重实匀整为好，以颗粒粗大、有扁块、空松为差。以上、中、下三段茶比例恰当为好，否则欠佳。色泽以墨绿光润为好，以色黄、乌暗为差。

内质审评：汤色以黄绿明亮为好，以深黄发暗、浑浊为差。香气以栗香、高香为好，以香气低、欠纯、有烟焦气或水闷气为差。滋味以浓醇爽口为好，以粗涩欠纯、带异味为差。叶底以黄绿明亮、匀整为好，以粗老、花杂、乌暗为差。

（三）名优绿茶

名优绿茶是我国近年来发展较快的茶类。我国名优绿茶生产历史悠久，名目繁多，品质特佳，驰名中外。由于历史背景、自然条件和加工工艺的不同，我国名优绿茶在外形和内质上千差万别。例如，根据加工工艺的不同，可分为炒青型、半烘半炒型和烘青型三种；根据外形形状的不同，又可分为扁形、针形、条形、珠形、卷曲形、兰花形、片形、雀舌形等。同学们通过对几种有代表性的名优绿茶的审评，可以了解不同种类名优绿茶的品质特征，掌握名优绿茶的审评方法。

1. 扁形名优绿茶

（1）加工工艺。

加工工艺流程：鲜叶摊放→青锅→摊凉回潮→辉干。

目前加工扁形茶多采用槽式多功能机。该机操作方便，成本低，效益高，深受广大用户的好评。

① 青锅。

利用多功能机加工扁形绿茶，锅温应掌握在150 ℃～180 ℃之间。如起始温度较高（达180 ℃左右），后面温度控制稍低；如起始温度较低，投叶后升温应迅速，否则干茶色泽变暗。若锅槽温度超过190 ℃，则容易产生爆点，在口感上会产生老火味。

青锅时，投叶量一般控制在槽锅容积的三分之一左右。操作方法：鲜叶下锅3～4 min后，当水蒸气的蒸发速度减慢，叶质柔软、芽叶理顺、手捏不枯时，加压轻棒炒3～4 min，其间去棒透炒2～3次，每次10～15 s；当茶叶成扁平状、失重达50%左右时去棒，停机出叶，历时约6～8 min。

② 摊凉回潮。

压制成扁平状的茶叶出机后摊凉，冷却至室温后堆积回潮30 min左右，经筛分整理后进行辉干。

③ 辉干。

辉干的锅槽温度一般应控制在120 ℃～140 ℃之间，其槽内空气温度控制在70 ℃～95 ℃之间。温度的变化为先低后高。温度太高，超过140 ℃时，易产生高火味；温度太低，低于110 ℃时，加工出的扁形茶色暗，口感带青气味。辉干的投叶量一般控制在每槽150 g，通常是两锅杀青叶并一锅。投叶量过多，超过每槽200 g，则影响干茶色泽；投叶量过少，低于每槽100 g，则影响工效。

将机械转速调慢，将摊凉叶投入，约1 min后，待叶子受热回软，加入加压棒（所用加压棒应先重后轻，以免产生太多的碎茶）。加压过程中前期水分含量较高，应少压多透气，以保色泽。后期加工叶水分含量逐渐降低，应采用多压少透气的方法，以利扁平、挺直外形的形成。在制叶含水量在10%左右时去棒。辉干一般历时10～12 min。如采用手工辅助，加工叶含水量在10%～12%左右即可出锅。如不用手工辅助，去棒后炒至含水量在5%～6%左右出锅，冷却收藏。

扁形茶的加工也可以采用滚筒杀青机杀青后再用槽式多功能机整形压扁、摊凉、辉干。

（2）审评要点。

外形审评：形状以扁平、挺直为好，以扁片弯曲为差。色泽以嫩绿光亮为好，以灰绿枯暗为差。匀度以嫩匀完整为好，以大小、长短混杂为差。净度以无片、末和非茶类夹杂物为好，反之则差。

内质审评：汤色以黄绿明亮为好，以泛红浑暗为差。香气以嫩香、清香或栗香为好，以有青草气或烟焦气为差。滋叶以鲜醇爽口、回味甘甜为好，以青涩、平淡为差。叶底以嫩绿明亮、完整为好，以乌暗、花杂为差。

2. 条形名优绿茶

(1) 加工工艺。

传统的毛峰茶加工主要以手工为主，现在随着机械化水平的提高和产量的不断增加，大多采用机械加工，有的为了提高外形和香气，采用手工辅助机械加工。现以初制为例简介如下：

毛峰茶的初制工艺分杀青、揉捻、干燥（烘干或炒干）三道工序。

① 杀青。

杀青一般在连续式滚筒杀青机中进行，掌握“高温杀青，先高后底；抛闷结合，多抛少闷；老叶嫩杀，嫩叶老杀”的原则。杀青以梗折不断、手握成团松开弹散为适度。

② 揉捻。

揉捻在揉捻机中进行，目的是卷紧茶条，适当破坏叶组织。揉捻技术掌握“嫩叶冷揉、轻压、短揉”和加压“轻—重—轻”的原则。揉捻时间一般为 30～40 min，可分 2～3次进行，揉至成条率达 85% 以上时即可。

③ 干燥。

干燥一般在自动链板式烘干机或手拉百叶式烘干机中进行，分初烘和足烘两道工序。初烘温度控制在 120 ℃～130 ℃，初烘后经摊凉 0.5～1.0 h，使叶内水分重新分布，防止外干内湿；足烘温度控制在 90 ℃～100 ℃，烘至手捻茶叶能成粉末，茶叶含水量在 5% 左右为宜，经摊凉冷却后即可包装入库。

(2) 审评要点。

外形审评：形状以细紧、锋苗显露为好，以粗松、不显毫为差。色泽以绿色油润为好，以暗绿为差。匀度以条索粗细均匀、长短一致为好，以扁条多、团块多、长短不一为差。净度以片、末少，无非茶类夹杂物为好；反之则差。

内质审评：汤色以黄绿明亮为好，以黄暗浑浊为差。香气以清香高长为好，以有烟焦气、异气为差。滋味以鲜浓、清爽为好，以浓涩、平淡为差。叶底以嫩绿明亮、完整为好，以单薄、青暗为差。

3. 卷曲形名优绿茶

(1) 加工工艺。

这里以蒙顶甘露的传统手工制法为例介绍卷曲形名优绿茶的加工工艺。

蒙顶甘露的制法工艺沿用明朝的“三炒三揉”制法。鲜叶采回后，经过摊放，然后杀青。杀青锅温为 140 ℃～160 ℃，投叶量 0.4 kg 左右，炒到叶质柔软，叶色暗绿匀称，茶香显露，含水量减至 60% 左右时出锅。为使茶叶初步卷紧成条，给“做形”工序创造条件，杀青后需经过三次揉捻和二次炒青。“做形”工序是决定外形品质特征的重要环节，其操作方法是将三揉叶投入锅中，用双手将锅中茶叶抓起，五指分开，两手心相对，将茶握住团揉 4～5 转，撒入锅中，如此反复数次，待茶叶含水量减至 15%～

20%时，略升锅温，双手加速团揉，直到满显白毫，再经过初烘、匀小堆和复烘达到足干，匀拼大堆后，入库收藏。

（2）审评要点。

外形审评：形状以细紧、卷曲为好，以粗松、直条为差。色泽以嫩绿油润为好，以枯黄、暗绿为差。匀度以嫩匀完整、无直条为好；反之则差。净度以碎茶、片、末少为好；反之则为差。

内质审评：内质审评同条形名优绿茶，只是原料要求更细嫩、匀整。

五、项目评价

本项目的评价考核评分表如表2-1所示。

表2-1　项目一评价考核评分表

分项	内容	分数	自评分（10%）	组内互评分（10%）	组间互评分（10%）	教师评分（70%）	实际得分
1	茶样1号 名称＿＿＿＿＿	20分					
2	茶样2号 名称＿＿＿＿＿	20分					
3	茶样3号 名称＿＿＿＿＿	20分					
4	茶样4号 名称＿＿＿＿＿	20分					
5	综合表现	20分					
合计		100分					

六、项目作业

填写茶叶品质感官审评结果记录单（表2-2）。

表 2-2　茶叶品质感官审评结果记录单

职业		等级		专业技能	茶叶感官品质审评
茶叶取样观察和分析					
品类		等级		适用标准	
取样方法		数量		取样日期	
咨询指导					
感官品质评定和结果综合判定					

样品编号	品名	外形					内质									品质水平判定			
		形状		色泽		等级	香气		滋味		汤色		叶底		等级	总分	级别	结论	备注
		评语	评分	评语	评分		评语	评分	评语	评分	评语	评分	评语	评分					

七、项目拓展

绿茶感观审评的指标包括哪些?

项目二　黄茶审评

一、项目要求

了解黄茶的分类，掌握黄茶的感观审评指标，了解君山银针、北港毛尖、蒙顶黄芽、温州黄汤、莫干黄芽等黄茶的品质特征。

二、项目分析

（一）黄茶的品质特征

黄茶是我国特产，其主要的品质特征是“黄汤黄叶”。黄茶的出现是因为人们在加工炒青绿茶的过程中，发现由于杀青、揉捻后干燥不足或不及时，叶色即变黄，于是产生了新的茶类——黄茶。黄茶按加工鲜叶老嫩的不同又分为黄芽茶、黄小茶和黄大茶。

黄芽茶由采自春季萌发的单芽或幼嫩的一芽一叶为原料制成，是黄茶中的佼佼者。其主要代表品种有君山银针、蒙顶黄芽、莫干黄芽和海马宫茶。

君山银针（图 2-11）：产于湖南省岳阳君山。君山银针全由未展开的肥嫩芽头制成。制法特点是在初烘、复烘前后进行摊凉和初包、复包，形成变黄特征。君山银针外形芽头肥壮、挺直、匀齐，满披茸毛，色泽金黄光亮，称“金镶玉”；内质香气清鲜，汤色浅黄，滋味甜爽，冲泡后芽尖冲向水面，悬空竖立，继而徐徐下沉杯底，状如群笋出土，又似金枪直立，汤色茶影，交相辉映，极为美观。

蒙顶黄芽（图 2-12）：产于四川省雅安市名山。鲜叶采摘标准为一芽一叶初展，每斤（500 g）鲜叶约有 8 000～10 000 个芽头。初制分为杀青、初包、复锅、复包、三炒、四炒、烘焙等过程。外形芽叶整齐，形状扁直，肥嫩多毫，色泽金黄；内质香气清纯，汤色黄亮，滋味甘醇，叶底嫩匀，黄绿明亮。

莫干黄芽：产于浙江省德清县莫干山。鲜叶采摘标准为一芽一叶初展，每斤干茶约有 40 000 多个芽头。初制分为摊放、杀青、轻揉、闷黄、初烘、锅炒、复烘七道工序。外形细紧匀齐，茸毛显露，色泽黄绿油润；内质香气嫩香持久，汤色橙黄明亮，滋味醇爽可口，叶底幼嫩似莲心。

图 2-11 君山银针

图 2-12 蒙顶黄芽

海马宫茶：产于贵州省大方县老鹰岩脚下的海马宫乡。海马宫茶采于当地小群体品种，具有茸毛多、持嫩性强的特性，谷雨前后开采。采摘标准：一级茶为一芽一叶初展，二级茶为一芽二叶，三级茶为一芽三叶。加工工艺分杀青、初揉、布包压紧、复揉、再锅炒、再复揉、烘干、拣剔等工序。海马宫茶属黄茶类名茶，具有条索紧结卷曲，茸毛显露，清高味醇，回味甘甜，汤色黄绿明亮，叶底嫩黄、匀整、明亮的特点。

黄小茶属于黄茶系列的一种，多为一芽一叶、一芽二叶的原料加工而成，其品质不及黄芽茶，但明显优于黄大茶。较著名的有沩山毛尖、北港毛尖、远安鹿苑茶和平阳黄汤等。

沩山毛尖：产于湖南省宁乡市沩山。外形叶边微卷成条块状，金毫显露，色泽嫩黄油润；内质香气有浓厚的松烟香，汤色杏黄明亮，滋味甜醇爽口，叶底芽叶肥厚。沩山毛尖深受甘肃、新疆等地消费者喜爱。形成沩山毛尖黄亮色泽和松烟香品质特征的关键在于杀青后采用了闷黄和烘焙时采用了烟熏两道工序。

北港毛尖：产于湖南省岳阳市北港，初制分为杀青、锅揉、闷黄、复炒、复揉、烘干六道工序。外形条索紧结、重实、卷曲，白毫显露，色泽金黄；内质香气清高，汤色杏黄明澈，滋味醇厚，耐冲泡，冲三四次后尚有余味。

远安鹿苑茶：产于湖北省远安县鹿苑寺一带。初制分为杀青、炒二青、闷堆和炒干四道工序。闷堆工序是形成干茶色泽金黄、汤色杏黄、叶底嫩黄的“三黄”品质特征的关键。外形条索紧结卷曲呈环状，略带鱼子泡，锋毫显露；内质香高持久，有熟栗子香，汤色黄亮，滋味鲜醇回甘，叶底肥嫩、匀齐、明亮。

平阳黄汤：产于浙江省泰顺县及苍南县。最初，泰顺县生产的黄汤主要由平阳茶商收购经销，因而称平阳黄汤。初制分为杀青、揉捻、闷堆、干燥四道工序。外形条索紧结匀整，锋毫显露，色泽绿中带黄、油润；内质香高持久，汤色浅黄明亮，滋味甘醇，叶底黄色、匀整、明亮。

黄大茶是黄茶类中的大宗产品。黄大茶的鲜叶采摘标准为一芽三四叶或一芽四五叶，产量较高，主要有霍山黄大茶和广东大叶青。

霍山黄大茶：产于安徽省霍山。鲜叶为一芽四五叶。初制分为杀青、揉捻、初烘、堆积、烘焙等工序。堆积时间较长（5～7 天），烘焙火功较足，下烘后趁热踩篓包装，是形成霍山黄大茶品质特征的关键。外形叶大梗长，梗叶相连，色泽金黄鲜润；内质香气有突出的高爽焦香，似锅巴香，汤色深黄明亮，滋味浓厚，耐冲泡，叶底黄亮。霍山黄大茶深受山东沂蒙山区的消费者喜爱。

广东大叶青：产于广东省韶关、肇庆、湛江等地。以大叶种茶树的鲜叶为原料，采摘标准为一芽三四叶。初制分为萎凋、杀青、揉捻、闷黄、干燥五道工序。闷黄是黄茶品质形成的关键工序。外形条索肥壮、紧结，身骨重实，老嫩均匀，显毫，色泽青润带黄或青褐色；内质香气纯正，汤色深黄明亮，滋味浓醇回甘，叶底浅黄，芽叶完整。

1. 形状

黄茶因品种和加工技术不同，形状有明显差别。

君山银针：以形似针、芽头肥壮、满披银毫为好，以芽瘦扁、毫少为差。

蒙顶黄芽：以条扁直、芽壮多毫为好，以条弯曲、芽瘦少为差。

远安鹿苑茶：以条索紧结卷曲呈环状、显毫为佳，以条松直、不显毫为差。

黄大茶：以叶肥厚成条、梗长壮、梗叶相连为好，以叶片状、梗细短、梗叶分离或梗断叶破为差。

2. 色泽

色泽方面比较黄色的枯润、暗鲜等，以金黄色鲜润为优，以色枯暗为差。

3. 净度

净度方面比较梗、片、末及非茶类夹杂物含量。

4. 汤色

汤色以黄汤明亮为优，以黄暗或黄浊为次。

5. 香气

香气以清悦为优，以有闷浊气为差。

6. 滋味

滋味以醇和鲜爽、回甘、收敛性弱为好，以苦、涩、淡、闷为次。

7. 叶底

叶底以芽叶肥壮、匀整、黄色鲜亮为好，以芽叶瘦薄黄暗为次。

（二）黄茶感官审评术语

1. 黄茶干茶形状

梗叶连枝：叶大梗长而相连。

鱼籽泡：干茶上有鱼籽大的突起泡点或爆点。

2. 黄茶干茶色泽

金黄光亮：芽叶颜色金黄，油润光亮。

褐黄：黄中带褐，光泽稍差。

黄青：青中带黄。

3. 黄茶汤色

杏黄：汤色黄而稍带淡绿。

4. 黄茶香气

锅巴香：似烤焦黄色的锅巴香气。

5. 黄茶滋味

甜爽：爽口而有甜味。

三、项目实施

1. 项目步骤

（1）实训开始。

（2）准备器具：样茶盘、审评杯碗、叶底盘、茶匙、天平、定时钟等。

（3）准备茶样：君山银针、北港毛尖、蒙顶黄芽、温州黄汤、莫干黄芽、海马宫茶等，选择其中四个。

（4）按照模块一中的项目四分别审评茶样。

（5）收样。

（6）收具。

（7）实训结束。

2. 实训安排

（1）实训地点：茶叶审评室。

（2）课时安排：实训授课2学时，共计90 min。其中教师讲解30 min，学生分组练习50 min，考核10 min。

四、项目预案

1. 黄芽茶

（1）加工工艺。

黄芽茶的制作工艺包括杀青、闷黄和干燥三个主要工序。由于产地不同，具体制法也各有差异。下面以蒙顶黄芽为例介绍黄芽茶制法。

蒙顶黄芽的制作过程分为杀青、初包、复炒、复包、三炒、堆积摊放、四炒、烘焙八道工序。由于芽叶特嫩，要求制工精细。

杀青：用口径50 cm左右的平锅，锅壁要求平滑光洁，采用电热或干柴供热。当锅温升到100 ℃左右时，均匀地涂上少量白蜡。待锅温达140 ℃时，蜡烟散失后即可开始杀青。每锅投入嫩芽120～150 g，历时4～5 min，当叶色转暗、茶香显露、芽叶含水率降至55%～60%时，即可出锅。

初包：将杀青叶迅速用草纸包好，使初包叶温保持在55 ℃左右，放置60～80 min，中途开包翻拌一次，促使黄变均匀。待叶温下降到35 ℃左右，叶色呈微黄绿时，进行复炒。

复炒：锅温70 ℃～80 ℃，炒时要理直、压扁芽叶，含水率下降到45%左右，即可出锅。出锅叶温50 ℃～55 ℃，有利于复包变黄。

复包：目的是使茶叶进一步黄变，形成黄汤黄叶，方法同初包。经50～60 min，叶色变为黄绿色，即可复锅三炒。

三炒：方法与复炒相同，锅温70 ℃左右，炒到茶条基本定型，含水率30%～35%时，即可堆积摊放。

堆积摊放：目的是促使叶内水分均匀分布和多酚类化合物自动氧化，达到黄汤黄叶的要求。将三炒叶趁热撒在细篾簸箕上，摊放厚度5～7 cm，盖上草纸保温，堆积24～36 h，即可四炒。

四炒：锅温在60 ℃～70 ℃，以整理外形，散发水分和闷气，增进香味。起锅后如发现黄变程度不足，可继续堆积，直到黄变适度，即可烘焙。

烘焙：烘焙温度保持在40 ℃～50℃，慢烘细焙，以促进色香味的形成。烘至含水率5%左右，摊放，包装入库。

（2）审评要点。

外形审评：黄芽茶的外形审评根据种类的不同而有一定差异。例如，蒙顶黄芽主要看是否扁平挺直，君山银针主要看是否芽头茁壮、长短大小均匀，霍山黄芽则主要看是否条直微展、匀齐成朵。色泽以嫩黄明亮为好，以黄褐为差。

内质审评：汤色以杏黄明亮为好，以深黄、橙黄为差。香气以嫩香、甜香为好，以有水闷气、异气为差。滋味以鲜甜爽口为好。叶底以嫩黄、匀整为好。

2. 黄小茶

（1）加工工艺。

虽然各地黄小茶的制法不同，在加工工艺上存在一定的差异，但都要经过杀青、揉捻、闷黄和干燥这四道主要工序。其区别在于沩山毛尖和远安鹿苑茶都是杀青后立即闷黄，而北港毛尖则是揉捻后再闷黄。在揉捻上，沩山毛尖只要进行一次揉捻，且揉捻程度较轻；远安鹿苑茶无明显的揉捻过程，而是在二炒和三炒时，在锅内用手搓条做形；北港毛尖第一次在锅内揉捻，第二次是出锅复揉。在干燥阶段，沩山毛尖采用了枫木或松柴烘焙，形成了它独特的松烟香。

（2）审评要点。

外形审评：黄小茶的外形各有不同，除沩山毛尖略显粗松外，其余均要求条索紧结卷曲，白毫显露，远安鹿苑茶还要求呈环状（环子脚）。色泽均以黄亮为好，以黄褐为差。匀度和净度审评与绿毛茶基本一致。

内质审评：汤色要求杏黄清澈或橙黄明亮，香气清高，滋味要求甜醇爽口或醇厚，叶底要求芽叶肥状。

3. 黄大茶

（1）加工工艺。

具体制法：采摘后，鲜枝叶经萎凋、炒茶（杀青和揉捻）、初烘、堆积（具有闷黄的作用）、烘焙制成。萎凋时将鲜叶匀摊于萎凋竹帘上 15～20 cm，萎凋至春茶含水率为65%～68%，夏茶含水率为68%～70%。杀青时要使叶色转暗绿有黏性，青草气消失略带熟香为宜；揉捻至条索紧实又保持锋苗；然后闷堆，控制好温湿度，烘焙干燥中拉毛火、拉足火（这是形成其品质香气的特色工艺）。毛火 110 ℃～120 ℃，12～15 min；足火 90 ℃，至足干。

（2）审评要点。

外形审评：形状以肥厚成条、梗长壮、梗叶相连为好，以片状、梗细短、梗叶分离或梗断叶破为差。色泽方面比较黄色的枯润、暗鲜等，以金黄色鲜润为优，以色枯暗为差。净度方面比较梗、片、末及非茶类夹杂物含量。

内质审评：汤色以黄汤明亮为优，以黄暗或黄浊为次。香气以火功足、有锅巴香为好，以火功不足为次，以有青闷气或粗青气为差。滋味以醇和鲜爽、回甘、收敛性弱为好，以苦、涩、淡、闷为差。叶底以芽叶肥壮、匀整、黄色鲜亮为好，以芽叶瘦薄黄暗为差。

五、项目评价

本项目评价考核评分表如表 2-3 所示。

表 2-3　项目二评价考核评分表

分项	内容	分数	自评分（10%）	组内互评分（10%）	组间互评分（10%）	教师评分（70%）	实际得分
1	茶样 1 号 名称＿＿＿＿＿	20 分					
2	茶样 2 号 名称＿＿＿＿＿	20 分					
3	茶样 3 号 名称＿＿＿＿＿	20 分					
4	茶样 4 号 名称＿＿＿＿＿	20 分					
5	综合表现	20 分					
合计		100 分					

六、项目作业

填写茶叶品质感官审评结果记录单（表 2-2）。

七、项目拓展

（1）黄茶可分为哪几类?

（2）黄茶的感观审评指标包括哪些?

项目三　黑茶审评

一、项目要求

了解黑茶的分类，掌握黑茶品质的感官审评指标，了解普洱散茶、云南沱茶、饼茶、紧茶、普洱方茶、米砖茶的品质特征。

二、项目分析

（一）黑茶的品质特征

黑茶的鲜叶较为粗老，在干燥前或干燥后进行渥堆。渥堆过程中堆大、叶量多，温湿度高，时间长，促使多酚类充分进行自动氧化。黑茶中除表没食子儿茶素的含量较黄茶略高外，各种儿茶素的含量都比黄茶低，渥堆过程中儿茶素损耗率也相应较大，从而使黑茶的香味变得更加醇和，汤色深，橙黄带红，干茶和叶底色泽都较暗褐。

黑毛茶精制后大部分再加工成压制黑茶，少数压成篓装黑茶，还有的通过晒青加工成压制晒青黑茶。

1. 黑毛茶

一般以一芽四五叶的鲜叶为原料。外形条索尚紧、圆直，色泽尚黑润；内质香气纯正，汤色橙黄，滋味醇和，叶底黄褐，以竹叶青色为上品。

2. 篓装黑茶

篓装黑茶是把精制整理后的茶叶用高压蒸汽把茶蒸软，装入篓包内紧压而成。产品有湘尖、六堡茶和方包茶等。

（1）湘尖。

湘尖（图 2-13）是黑茶紧压茶的上品，为湖南省益阳市安化白沙溪茶厂所产。产品有湘尖 1 号、湘尖 2 号与湘尖 3 号。在历史上称天尖、贡尖和生尖。它们的主要区别在于所用原料的嫩度不同。湘尖 1 号和湘尖 2 号用一、二级黑毛茶压制而成，而湘尖 3 号则主要用三级黑毛茶压制而成。湘尖 1 号的外形色泽乌润，内质香气清香，滋味浓厚，汤色橙黄，叶底黄褐。湘尖 2 号的外形色泽黑带褐，内质香气纯正，滋味醇和，汤

色稍橙黄，叶底黄褐带暗。湘尖3号的外形色泽黑褐，内质香气平淡，稍带焦香，滋味尚浓微涩，汤色暗褐，叶底黑褐粗老。

图2-13　湘尖

（2）六堡茶。

六堡茶（图2-14）产于广西壮族自治区。六堡茶一般采用传统的竹篓包装。这种包装有利于茶叶贮存时内含物质继续转化，使滋味变醇、汤色加深、陈香显露。为了便于存放，也将六堡茶成品压制加工成块状、砖状、金钱状、圆柱状（也有散装）。其品质特点：色泽黑褐光润，特耐冲泡，叶底红褐色。六堡茶的品质要陈，越陈越佳。凉置陈化是制作过程中的重要环节，不可或缺。一般以篓装堆，贮于阴凉的泥土库房，至来年运销，而形成六堡茶的特殊风格。因此，夏蒸加工后的成品六堡茶，必须经散发水分、降低叶温后，踩篓堆放在阴凉湿润的地方进行陈化。经过半年左右，汤色变得更红浓，滋味有清凉爽口感，且产生陈味，形成六堡茶红、浓、醇、陈的品质特点。

图2-14　六堡茶

（3）方包茶。

方包茶（图2-15）又称马茶，产于四川省，属西路边茶，系四川灌县（都江堰市）、北川一带生产的边销茶，用蔑包包装。灌县所产的为长方形包，称方包茶；北川所产的为圆形包，称圆包茶。现圆包茶已停产，改按方包茶规格加工。每包重35 kg，长方砖块形，大小规格为66 cm×50 cm×32 cm，含梗量60%。方包茶的品质特点：色泽黄褐，稍带烟焦气，滋味醇和，汤色红黄，叶底黄褐。

图 2-15　方包茶

3. 压制黑茶

压制黑茶由黑毛茶经整理后压制而成。湖南有黑砖茶、茯砖茶和花砖茶，四川有茯砖茶、康砖茶和金尘茶等。

(1) 黑砖茶。

黑砖茶（图 2-16）产于湖南省，由湖南黑毛茶经精制整理加工压制而成。传统黑茶砖每块重 2 kg，呈长方砖块形，规格为 35 cm × 18 cm × 3.5 cm。砖面平整光滑，棱角分明，厚薄一致，花纹图案清晰，色泽黑褐；内质汤色深黄或红黄微暗，香气纯正，滋味浓厚微涩，叶底暗褐，老嫩欠匀。

(2) 茯砖茶。

① 产于湖南省的茯砖茶（图 2-17）。

砖形，规格为 35 cm × 18.5 cm × 5 cm，净重 2 kg。砖面平整、稍松，棱角分明，厚薄一致，砖内“金花”普遍茂盛，色泽黄褐；内质香气有黄花清香，汤色橙黄明亮，滋味醇和，叶底黑褐色。

图 2-16　安化黑砖茶

图 2-17　湖南茯砖茶

② 产于四川省的茯砖茶。

砖形，规格为35 cm×22 cm×5.5 cm，净重2 kg。砖面平整，砖内有金黄色的“金花”，色泽黄褐；内质香味纯正（以不带青涩味为适度），叶底棕褐粗老。

（3）花砖茶。

花砖茶（图2-18）产于湖南省，由湖南黑毛茶经精制整理加工压制而成。砖形，规格为35 cm×18 cm×3.5 cm，净重2 kg。正面有花纹，花纹图案清晰，砖面平整光滑，棱角分明，厚薄一致，色泽黑润；内质香气纯正或带有松木烟香，汤色红黄，滋味浓厚微涩，叶底老嫩尚匀。

图2-18　花砖茶

（4）康砖茶。

康砖茶（图2-19）产于四川省，属南路边茶。圆角长方砖块形，规格为17 cm×9 cm×6 cm，净重0.5 kg。外形色泽棕褐，香气纯正，滋味醇和，汤色红浓，叶底花杂较粗。

（5）金尖茶。

金尖茶（图2-20）产于四川省，属南路边茶。椭圆枕柱方形，规格为30 cm×18 cm×11 cm，净重2.5 kg。外形色泽棕褐，香气平和，滋味醇和，水色红亮，叶底暗褐粗老。

图2-19　康砖茶

图2-20　金尖茶

4. 压制晒青黑茶

压制晒青黑茶有青砖茶、紧茶、圆茶、饼茶、云南沱茶等。

（1）青砖茶。

青砖茶（图2-21）产于湖北省，以湖北老青茶毛茶为原料加工压制而成。砖形，规格为34 cm×17 cm×4 cm，净重2 kg。外形端正光滑，厚薄均匀，色泽青褐；内质汤色红黄明亮，具有青砖特殊的香味而不青涩，叶底暗黑粗老。

图2-21　青砖茶

（2）紧茶。

紧茶产于云南省，以渥堆的普洱散茶为原料压制而成。外形呈有柄心脏形（现改为小砖形），直径9 cm，高9 cm，净重250 g。外形端正，色泽黑褐；内质汤色橙红较深，香气尚纯，滋味醇和，叶底老嫩均匀。

（3）圆茶。

圆茶即七子饼茶（熟茶）（图2-22），产于云南省，以渥堆的普洱散茶为原料压制而成。圆饼形，直径21 cm，顶部微凸，中心厚2 cm，边缘稍薄，约1 cm，底部平整而中心有凹陷小坑，每块重357 g。七子饼茶外形结紧端正，松紧适度。熟饼色泽红褐油润（俗称猪肝色），汤色红浓明亮，滋味浓厚回甘，带有特殊陈香或桂圆香。

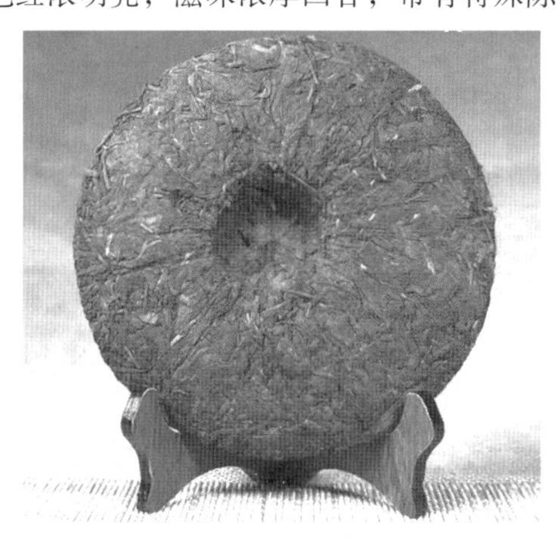

图2-22　七子饼茶

（4）饼茶。

饼茶产于云南省，以渥堆的普洱散茶为原料压制而成。饼茶也是一种圆饼形的黑茶，因其大小规格比圆茶小，所以又称“小饼茶”。饼茶直径11.6 cm，边厚1.3 cm，

中心厚 1.6 cm。每块重 125 g，4 块装一筒，75 筒为一件，总重 37.5 kg，用 63 cm×30 cm×60 cm 内衬笋叶的竹篓装。外形圆整，洒面有毫，色泽棕褐；内质汤色黄明，香气纯正带陈香，滋味醇和。

（5）云南沱茶。

云南沱茶（图 2-23）产于云南省，以渥堆的普洱散茶为原料压制而成。碗臼状，外形端正、紧结，色泽褐红，有特殊的陈香，滋味醇和回甘，汤色红浓明亮。

图 2-23 云南沱茶

（二）黑茶、紧压茶感官审评术语

1. 黑茶、紧压茶干茶形状

泥鳅条：茶条折皱、稍松、略扁，形似晒干的泥鳅。

折叠条：茶条折皱重叠。

皱折叶：叶片皱折不成条。

端正：砖身形态完整，砖面平整且棱角分明。

纹理清晰：砖面花纹、商标及文字等标识清晰。

起层：紧压茶表层翘起而未脱落。

落面：紧压茶表层有部分茶脱落。

脱面：分里面紧压茶中的盖面脱落。

紧度适合：压制松紧适度。

平滑：紧压茶表面平整光洁，无起层落面、茶梗突出现象。

金花：茯砖茶中金黄色的孢子群落（冠突散囊菌）。金花茂盛、孢子大，品质为佳。

斧头形：砖身厚薄不一，一端厚一端薄，形似斧头。

缺口：砖茶、饼茶等边缘有残缺现象。

包心外露：分里面紧压茶中，里茶露于砖茶表面。

龟裂：砖面有裂缝。

烧心：紧压茶中心部分发暗、发黑或发红。

断甑：金尖中间断开，不成整块。

泡松：沱茶、饼茶等因压制不紧结，呈现出松散或有弹性的形状。

歪扭：沱茶碗口处不端正。歪，即碗口部分厚薄不匀，因压茶机压轴中心未在沱茶正中心，故碗口不正；扭，即沱茶碗口不平，一边高一边低。

通洞：因压力过大，使沱茶洒面正中心出现孔洞。

掉把：特指蘑菇状紧茶因加工或包装等技术操作不当，使紧茶的柄掉落。

铁饼：压制过紧，表面茶叶条索模糊，茶饼紧硬。

泥鳅边：饼茶边沿圆滑，状如泥鳅背。

刀口边：饼茶边沿薄锐，状如钝刀口。

宿梗：老化的隔年茶梗。

红梗：表皮棕红色的木质化茶梗。

青梗：表皮青绿色，较红梗嫩的茶梗。

2. 黑茶、紧压茶干茶色泽

半筒黄：色泽花杂，叶尖黑色，柄端黄黑色。

黑褐：褐中带黑，常用于黑砖茶、花砖茶和特制茯砖茶的干茶和叶底色泽，也适用于普洱茶因渥堆过度导致碳化而呈现出的干茶和叶底色泽。

铁黑：色黑似铁。

棕褐：褐中带棕，常用于康砖茶、金尖茶的干茶和叶底色泽，也适用于红茶干茶色泽。

青黄：黄中泛青，为原料后发酵不足所致。

猪肝色：红而带暗，似猪肝的颜色，为普洱熟茶渥堆适度的干茶色泽，也适用于叶底色泽。

褐红：红中带褐，为普洱熟茶渥堆正常的干茶色泽，渥堆程度略高于猪肝色，也适用于叶底色泽。

3. 黑茶、紧压茶汤色

棕红：红中泛棕，似咖啡色。

棕黄：黄中泛棕，常用于茯砖茶、黑砖茶等汤色。

红黄：黄中带红，常用于金尖茶、方包茶等汤色。

栗红：红中带深棕色，适用于陈年普洱青茶的叶底色泽。

栗褐：褐中带深棕色，似成熟栗壳色，适用于普洱熟茶的叶底色泽。

4. 黑茶、紧压茶香气

陈香：香气陈纯，无霉气。

菌花香、金花香：茯砖茶发花正常茂盛所发出的特殊香气。

青粗气：粗老叶的气息与青叶气息，为粗老晒青毛茶杀青不足所致。

毛火气：晒青毛茶中带有的类似烘炒青绿茶的烘炒香。

酸气：普洱茶渥堆过度或水分过多、摊凉不好而出现的不正常气味。

5. 黑茶、紧压茶滋味

陈韵：优质陈年普洱茶特有甘滑醇厚滋味的综合体现。

陈醇：滋味醇和带陈味，无霉味。

醇滑：茶汤入口醇而顺滑。

粗薄：味淡薄，喉味粗糙，常用于原料粗老的晒青毛茶的滋味。

火味：带毛火气的晒青茶，在尝味时也有火气味。

闷馊味：闷杂味。闷味多半指黑茶渥堆时间过长、温度较低、微生物作用不足，或温度过高、未及时翻堆产生的不正常味道；馊味指渥堆发酵过度或供氧不足而产生的类似酒精的味道。

仓味：普洱茶或六堡茶等后熟陈化工序没有结束或储存不当而产生的杂味。

纯厚：经充分渥堆、陈化后，香气纯正，滋味甘而显果味，多为南路边茶的香味特征。

霉味：存放茶砖库房透气不足、潮湿，茶砖水分过高导致生霉所散发出的气味。

辛味：普洱茶原料多为夏暑雨水茶，因渥堆不足或无后热陈化而产生的辛辣味。

6. 黑茶、紧压茶叶底

黄黑：黑中泛黄。

红褐：褐中泛红，为普洱熟茶渥堆成熟的叶底色泽。渥堆成熟度接近猪肝色。

青褐：褐中带青。

黄褐：褐中带黄。

硬杂：叶质粗老、坚硬多梗，色泽花杂。

薄硬：叶质老、薄而硬。

泥滑：嫩叶组织糜烂，由渥堆过度所致。

三、项目实施

1. 项目步骤

（1）实训开始。

（2）准备器具：样茶盘、审评杯碗、叶底盘、茶匙、天平、定时钟等。

（3）准备茶样：宫廷普洱散茶、一级普洱散茶、三级普洱散茶、云南沱茶、饼茶、紧茶、普洱方茶、米砖茶等中的六个。

（4）按照模块一中的项目四分别审评茶样。

（5）收样。

（6）收具。

（7）实训结束。

2. 实训安排

(1) 实训地点：茶叶审评室。

(2) 课时安排：实训授课4学时，每2个学时审评4个茶样，普洱散茶茶样可重复审评一次。每2个学时90 min，其中教师讲解30 min，学生分组练习50 min，考核10 min。

四、项目预案

(一) 加工工艺

1. 全晒茶

全晒茶全用太阳晒干，表现为叶不平整，向上翘，条松泡、弯曲，叶麻梗弯，叶燥骨（骨）软。细茶色泽灰青，粗老茶青色灰绿，不出油色。梗脉现白色，梗不干，折不断，有日晒气，水清味淡。

2. 半晒茶

半晒茶即半晒半炕，晒至三四成干，摊凉，渥堆30 min再揉一下，解块后用火炕。这种茶条索尚紧，色黑不润。

3. 火炕茶

火炕茶条索重实，叶滑溜，色油润，有松烟气味。

4. 陈茶

陈茶色枯，埂子断口中心卷缩，3年后就空心，香低汤深，叶底暗。

5. 烧焙茶

烧焙茶外形枯黑，有焦苦气味，易捏成粉末，对光透视呈暗红色，冲泡后茶条不散。

6. 水潦叶

水潦叶用水潦杀青，叶平扁带硬，灰白或灰绿色，叶轻飘，汤淡香低。

7. 蒸青叶

蒸青叶黄梗多，色油黑泛黄，茎脉碧绿，汤色黄，味淡，有水闷气。

(二) 审评要点

1. 外形审评

(1) 篓装黑茶。

取混合样100 g，评比条索松紧、老嫩、色泽、整碎等。

(2) 压制成型的黑茶。

压制成型的茶类包括两类：

① 压制过程分里面茶的青砖茶、米砖茶、紧茶、圆茶、饼茶、云南沱茶等，外形

评比匀整度、松紧度和洒面三项因子。匀整度看形态是否端正，棱角是否整齐，纹理是否清晰；松紧度看厚薄、大小是否一致；洒面看是否包心外露，起层落面。

② 不分里面茶的砖形紧压茶如黑砖茶、金尖茶、花砖茶、茯砖茶等，外形评比匀整度、松紧度、嫩度（梗、叶老嫩）、色泽（油黑程度）、净度等；茯砖加评“发花”，要求“发花”茂盛、普遍、颗粒大。

此外，各种压制茶都必须检验单位重量和含梗量。

2. 内质审评

内质审评方法分煮渍法和冲泡法两种。一般是原料粗老的紧压茶用煮渍法开汤；较嫩的紧压茶用冲泡法，且各种茶煮泡时间、泡茶用水量也不尽相同。

汤色：比较红、明度，花砖茶、紧茶呈橘黄色，云南沱茶橙黄明亮，方包茶呈棕红色，康砖茶、茯砖茶以橙黄或橙红为正常，金尖茶以红带褐为正常。

香气：米砖茶、青砖茶有烟味是其缺点，方包茶有焦烟气味却属正常。

滋味：主要审评是否有青、涩、馊、霉味等。

叶底：康砖茶以深褐色为正常，紧茶、饼茶以嫩黄色为佳。

五、项目评价

本项目评价考核评分表如表 2-4 所示。

表 2-4　项目三评价考核评分表

分项	内容	分数	自评分（10%）	组内互评分（10%）	组间互评分（10%）	教师评分（70%）	实际得分
1	茶样 1 号 名称＿＿＿＿＿	20 分					
2	茶样 2 号 名称＿＿＿＿＿	20 分					
3	茶样 3 号 名称＿＿＿＿＿	20 分					
4	茶样 4 号 名称＿＿＿＿＿	20 分					
5	综合表现	20 分					
合计		100 分					

六、项目作业

填写茶叶品质感官审评结果记录单（表2-2）。

七、项目拓展

黑茶可分为哪几类？

项目四　白茶审评

一、项目要求

了解白茶的分类，熟悉白茶的感官审评指标，掌握白毫银针、白牡丹、贡眉的品质特征。

二、项目分析

（一）白茶的品质特征

白茶要求鲜叶“三白”，即嫩芽及两片嫩叶满披白色茸毛。初制过程虽不揉不炒，但由于经过长时间的萎凋和阴干过程，儿茶素总量约减少四分之三，从而形成外形毫心肥壮、叶张肥嫩、叶态自然伸展、叶缘垂卷、芽叶连枝、毫心银白、叶色灰绿或铁青色，内质汤色黄亮明净、毫香显、滋味鲜醇、叶底嫩匀的特征。

白茶按茶树品种可分为大白、水仙白和小白三种，按芽叶嫩度又可分为白毫银针、白牡丹、贡眉和寿眉。它们各具不同的品质特征。

1. 不同品种的白茶

（1）大白。

大白用政和大白茶树品种的鲜叶制成。毫心肥壮，白色芽毫显露。梗子叶脉微红，叶张软嫩，色泽翠绿，味鲜醇，毫香特显。

（2）水仙白。

水仙白用水仙茶树品种的鲜叶制成（图2-24）。毫心长而肥壮，有白毫，叶张肥大而厚，叶柄宽而有“沟”状特征，色灰绿带黄，毫香比小白重，滋味醇厚超过大白，叶底芽叶肥厚、黄绿、明亮。

图2-24　水仙白品种

（3）小白。

小白用菜茶茶树品种的鲜叶制成。毫心较小，叶张细嫩软，有白毫，色灰绿，有毫香，味鲜醇，叶底软嫩、灰绿、明亮。

2. 不同嫩度的白茶

(1) 白毫银针。

白毫银针（图2-25），由于鲜叶原料全部是茶芽，制成成品茶后，形状似针，白毫密被，色白如银，故得此名。其针状成品茶，长3 cm左右，整个茶芽为白毫披覆，银装素裹，熠熠闪光，令人赏心悦目。冲泡后，香气清鲜，滋味醇和。茶在杯中冲泡，即出现白云疑光闪，满盏浮花乳，芽芽挺立，蔚为奇观。

图2-25　白毫银针

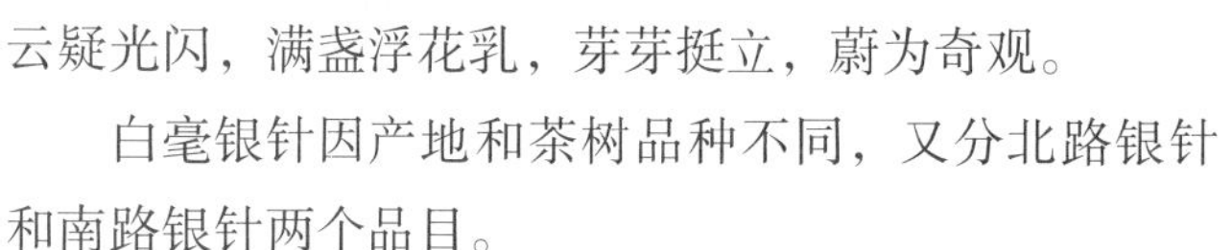

白毫银针因产地和茶树品种不同，又分北路银针和南路银针两个品目。

北路银针：产于福建福鼎，茶树品种为福鼎大白茶（又名福鼎白毫），如图2-26所示。外形优美，芽头壮实，毫毛厚密，富有光泽，汤色碧清，呈杏黄色，香气清淡，滋味醇和。福鼎大白茶原产于福鼎的太姥山。

南路银针：产于福建政和，茶树品种为政和大白茶，如图2-27所示。外形粗壮，芽长，毫毛略薄，光泽不如北路银针，但香气清鲜，滋味浓厚。政和大白茶原产于政和县铁山高仑山头。

图2-26　福鼎大白茶品种

图2-27　政和大白茶品种

(2) 白牡丹。

白牡丹（图2-28）为中国十大名茶之一，茶叶是两片叶子，中间有一叶芽，叶子隆起呈波纹状，叶子肥嫩，边缘后垂微卷，叶子背面布满白色茸毛。冲泡后，碧绿的叶子衬托着嫩嫩的叶芽，形状优美，好似牡丹蓓蕾初放，十分恬淡高雅。汤色杏黄或橙黄清澈，叶底浅灰，叶脉微红，香味鲜醇，布于绿叶之中，有“红装素裹”之誉。

图2-28　白牡丹

水吉白牡丹：用水仙茶树品种的芽制成，芽瘦长，毫不多，但火候好，香味佳。

政和白牡丹：外形叶抱芽，香气清纯，滋味清纯有毫味，汤色杏黄或黄，叶底芽叶连枝成朵，叶脉微红。

（3）贡眉。

贡眉以菜茶茶树的芽叶制成。这种用菜茶芽叶制成的毛茶称为“小白”，以区别于福鼎大白茶、政和大白茶茶树芽叶制成的大白毛茶。以前，菜茶的茶芽曾经被用来制作白毫银针等品种，但后来则改用大白来制作白毫银针和白牡丹，而小白就用来制作贡眉了。

贡眉产品分特级、一级、二级、三级，色香味都不及白牡丹，品质较差的称为寿眉，外形芽心较小，色泽灰绿稍黄，香气鲜纯，汤色黄亮，滋味清甜，叶底黄绿，叶脉带红。

（二）白茶感官审评术语

1. 白茶干茶形状

毫心肥壮：芽肥嫩壮大，茸毛多。

茸毛洁白：茸毛多、洁白而富有光泽。

芽叶连枝：芽叶相连成朵。

叶缘垂卷：叶面隆起，叶缘向叶背微微翘起。

平展：叶缘不垂卷而与叶面平。

破张：叶张破碎不完整。

蜡片：表面形成蜡质的老片。

2. 白茶干茶色泽

毫尖银白：芽尖茸毛银白，有光泽。

白底绿面：叶背茸毛银白色，叶面灰绿色或翠绿色。

绿叶红筋：叶面绿色，叶脉红黄色。

铁板色：深红而暗似铁锈色，无光泽。

铁青：似铁色带青。

青枯：叶色青绿，无光泽。

3. 白茶汤色

浅黄：黄色较浅。

杏黄：汤色黄，稍带浅绿。

浅杏黄：黄带浅绿色，常为高档新鲜的白毫银针的汤色。

黄亮：黄而明亮，有深浅之分。

深黄：黄色较深。

微红：色微泛红，为鲜叶萎凋过度、产生较多红张而引起。

4. 白茶香气

毫香：茸毫多的芽叶加工成白茶后特有的香气。

嫩香：嫩茶所特有的愉悦细腻的香气。

清长：清而纯正并持久的香气。

嫩爽：活泼、爽快的嫩茶香气。

失鲜：极不鲜爽，有时接近变质。多由白茶水分含量高，贮存过程回潮而产生的品质弊病。

5. 白茶滋味

清甜：入口感觉清新爽快，有甜味。

毫味：茸毫多的芽叶加工成白茶后特有的滋味，有甜爽感。

醇厚：入口爽适，回味有黏稠感。

浓醇：入口浓，有收敛性，回味爽适。

清醇：茶汤入口爽适，清爽柔和。

平和：茶味和淡，无粗味。

6. 白茶叶底

肥嫩：芽叶肥壮，叶质柔软厚实。

红张：萎凋过度，叶张红变。

暗张：色暗稍黑，多为雨天制茶形成死青。

铁灰绿：色深灰带绿色。

三、项目实施

1. 项目步骤

（1）实训开始。

（2）准备器具：样茶盘、评茶杯碗、叶底盘、茶匙、天平、定时钟等。

（3）准备茶样：白毫银针 2 种、白牡丹 2 种、贡眉、寿眉等。

（4）按照模块一中的项目四分别审评茶样。

（5）收样。

（6）收具。

（7）实训结束。

2. 实训安排

（1）实训地点：茶叶审评室。

（2）课时安排：实训授课 2 学时，共计 90 min。其中教师讲解 30 min，学生分组练习 50 min，考核 10 min。

四、项目预案

1. 白毫银针

（1）加工工艺。

采制银针以晴天为宜，尤以干燥凉爽的气候为佳。银针制法，福鼎、政和稍有差别。

① 福鼎制法。

将茶芽薄摊于水筛或萎凋槽上，置阳光下暴晒 1 天，可达八九成干，剔除展开的青色芽叶，再用文火烘焙至足干，即可贮藏。

烘焙时，烘心盘上垫衬一层白纸，以防火温灼伤茶芽，使成茶毫色银亮。每笼茶芽 0. 25 kg，烘温 40 ℃～50 ℃，约 30 min 可达足干。烘焙时必须严格控制火温，若温度过高，又摊得过厚，茶芽红变，香气不正；若温度过低，毫色转黑，品质劣变；若火候过度，毫色发黄，均有损于品质。

② 政和制法。

将鲜叶摊在水筛中，置于通风处萎凋，至七八成干时，移至烈日下晒干，一般需 2～3天才能完成。

晴天也可以用先晒后风干的方法，在上午 9 时前或下午 3 时后，阳光不甚强烈时，将鲜叶置于日光下晒 2～3 h，移入室内进行自然萎凋，至八九成干时再晒干或用文火烘干，晒干的香气较低。

（2）审评要点。

白茶审评重外形兼看内质，外形主要鉴别嫩度、净度和色泽。白毫银针要求毫心肥壮，具银白光泽；香气新鲜，毫香显浓；汤色碧洁清亮，呈浅杏黄色；滋味清甜，毫味浓重；叶底以细嫩、柔软、匀整、鲜亮为佳，以暗杂或带红张为次。

2. 白牡丹

（1）加工工艺。

白牡丹加工工艺的关键在于萎凋，要根据气候灵活掌握，在春、秋季晴天或夏季不闷热的晴朗天气，采取室内自然萎凋或复式萎凋为佳。白牡丹采摘时期为春、夏、秋三季，其中采摘标准以春茶为主，一般为一芽二叶，并要求“三白”，即芽、一叶、二叶均要求有白色茸毛。

精制工艺：在拣除梗、片、蜡叶、红张、暗张后进行烘焙，只宜以火香衬托茶香，保持香毫显现，汤味鲜爽。待水分含量为 4%～5% 时，趁热装箱。

（2）审评要点。

白牡丹要求毫心与嫩叶相连，不断碎，灰绿透银白色，以绿面白底为佳；香气以鲜纯、有毫香为佳，凡带有青气者为低品；汤色以橙黄清澈为佳，深黄色者为次品，红色者为劣品；滋味以鲜爽、有毫味为佳，粗涩、淡薄者为低品；叶底以细嫩、柔软、匀整、鲜亮为佳，暗杂或带红张者为低品。

3. 贡眉

（1）加工工艺。

贡眉选用的茶树品种是菜茶茶树。制作贡眉原料的采摘标准为一芽二三叶，要求含有嫩芽、壮芽。初制、精制工艺与白牡丹基本相同。贡眉的基本加工工艺：萎凋、烘干、拣剔、烘焙、装箱。

萎凋的目的有两个方面：一是“走水”，即去掉水分（表面问题）；二是“生化”（内质问题），即通过萎凋使茶青在一定的失水条件下引起一系列来自自身因素的生物化学变化，其变化也是随茶青水分的变化，由慢到快，再由快转慢，直到干燥为止。

加工贡眉，全萎凋的品质最好，色泽灰绿或翠绿、鲜艳有光泽，毫心洁白，叶张伏贴，两边缘略带垂卷形，叶面有明显的波纹，嗅之没有“青气”，而是有一种令人欣喜的清香气味。若用半加温萎凋贡眉，色泽常灰黄，毫毛易脱。如果烘焙不慎，会带有烟味。所以加工贡眉看似简单，但并非是一门轻而易举可以学会的技术。

（2）审评要点。

高级贡眉亦应有微显的毫心，以毫心少、叶片老嫩不匀、红变或暗褐色为次。香气以鲜纯、有毫香为佳，凡带有青气者为低品；汤色以橙黄清澈为佳，深黄色者为次品，红色者为劣品；滋味以鲜爽、有毫味为佳，粗涩、淡薄者为低品；叶底以细嫩、柔软、匀整、鲜亮为佳，暗杂或带红张者为低品。

五、项目评价

本项目评价考核评分表如表 2-5 所示。

表 2-5　项目四评价考核评分表

分项	内容	分数	自评分（10%）	组内互评分（10%）	组间互评分（10%）	教师评分（70%）	实际得分
1	茶样 1 号 名称＿＿＿＿＿＿	20 分					
2	茶样 2 号 名称＿＿＿＿＿＿	20 分					
3	茶样 3 号 名称＿＿＿＿＿＿	20 分					
4	茶样 4 号 名称＿＿＿＿＿＿	20 分					

续表

分项	内容	分数	自评分（10%）	组内互评分（10%）	组间互评分（10%）	教师评分（70%）	实际得分
5	综合表现	20 分					
合计		100 分					

六、项目作业

填写茶叶品质感官审评结果记录单（表 2-2）。

七、项目拓展

（1）白茶可分为哪几类？

（2）白茶的感官审评指标包括哪些？

项目五 红茶审评

一、项目要求

了解红茶的分类，熟悉红茶的感官审评指标，掌握各种红茶的感官审评方法。

二、项目分析

（一）红茶的品质特征

红茶有红条茶和红碎茶之分。红条茶要求滋味醇厚带甜，发酵较充分，多酚类保留量低于50%。红碎茶要求汤味浓、强、鲜，发酵程度偏轻，多酚类保留量约55%～65%。

1. 红条茶

红条茶按初制方法不同分为小种红茶和工夫红茶。

（1）小种红茶。

小种红茶是我国福建省特产。由于采用松柴明火加温萎凋和干燥，干茶带有浓烈的松烟香。

小种红茶以崇安星村桐木关所产的品质最佳，称“正山小种”或“星村小种”。福安、政和等县仿制的称“人工小种”或“烟小种”。

① 正山小种。

正山小种外形条索粗壮长直，身骨重实，色泽乌黑油润；内质香高，具松烟香，汤色呈糖浆状的深金黄色，滋味醇厚，似桂圆汤味，叶底厚实光滑，呈古铜色。

② 人工小种。

人工小种又称烟小种，外形条索近似正山小种，身骨稍轻而短钝；内质带松烟香，汤色稍浅，滋味醇和，叶底略带古铜色。

（2）工夫红茶。

工夫红茶是我国独特的传统产品，因初制揉捻工序特别注意条索的紧结完整，精制时颇费工夫而得名。外形条索细紧、平伏、匀称，色泽乌润；内质汤色、叶底红亮，香气馥郁，滋味甜醇。因产地、茶树品种等不同，品质亦有差异，可分为祁红、滇红、川红、宜红、宁红、闽红等。

① 祁红。

祁红（图 2-29）产于安徽祁门及其毗邻各县，制工精细。外形条索细紧而稍弯曲，有锋苗，色泽乌润，略带灰光；内质香气特征最为明显，带有类似蜜糖或苹果的香气，持久不散，在国际市场被誉为“祁门香”，汤色红艳明亮，滋味鲜醇带甜，叶底鲜红明亮。

② 滇红。

滇红（图 2-30）产于云南凤庆、临沧、双江等地，用大叶种茶树鲜叶制成，品质特征明显。外形条索肥壮、紧结、重实、匀整，色泽乌润带红褐，金毫特多；内质香气高鲜，汤色红艳带金圈，滋味浓厚，刺激性强，叶底肥厚，红艳鲜明。

图 2-29　祁红

图 2-30　滇红

③ 川红。

川红外形条索紧结、壮实、美观，有锋苗，多毫，色泽乌润；内质香气鲜而带橘子果香，汤色红亮，滋味鲜醇爽口，叶底红明匀整。

④ 宜红。

宜红外形条索细紧有毫，色泽尚乌润；内质香气甜纯似祁红，汤色红亮，滋味尚鲜醇，叶底红亮。

⑤ 宁红。

宁红外形条索紧结，有红筋，稍短碎，色泽灰而带红；内质香气清鲜，汤色红亮稍浅，滋味尚浓略甜，叶底开展。

⑥ 闽红。

闽红分白琳工夫、坦洋工夫、政和工夫，近些年又开发出金骏眉新产品。

金骏眉：外形条索紧秀，略显绒毛，隽茂、重实；色泽为金、黄、乌三色相间。内质汤色为金黄色，清澈有金圈；香味似果、蜜、花、薯等综合香型；杯底冷、热、温不同时嗅之，底香持久、变幻，令人遐想；滋味鲜活甘爽，高山韵显，喉韵悠长，沁人心脾，啜一口入喉，甘甜感顿生，连泡多次，口感仍然饱满甘甜；叶底舒展后，芽尖鲜活，秀挺亮丽，叶色呈古铜色。

白琳工夫：外形条索细长弯曲，多白毫，带颗粒状，色泽黄黑；内质香气纯而带甘草香，汤色浅而明亮，滋味清鲜稍淡，叶底鲜红带黄。

坦洋工夫：外形条索细薄而飘，带白毫，色泽乌黑有光；内质香气稍低，茶汤呈深金黄色，滋味清鲜甜和，叶底光滑。

政和工夫：分大茶和小茶两种。

大茶用大白茶品种制成。外形近似滇红，但条索较瘦小，毫多，色泽灰黑；内质香气高而带鲜甜，汤色深，滋味醇厚，叶底肥壮尚红。

小茶用小叶种制成。外形条索细紧，色泽灰暗；内质香气似祁红，但不持久，滋味醇和、欠厚，汤色、叶底尚鲜红。

2. 红碎茶

红碎茶在初制时经过充分揉切，细胞破坏率高，有利于多酚类酶促氧化和冲泡，形成香气高锐持久，滋味浓强鲜爽，加牛奶、白糖后仍有较强茶味的品质特征。因揉切方法不同，红碎茶分为传统红碎茶、C. T. C 红碎茶、转子（洛托凡）红碎茶、L. T. P（劳瑞式锤击机）红碎茶和不萎凋红碎茶五种。各种红碎茶又因叶型不同分为叶茶、碎茶、片茶和末茶四类，都有比较明显的品质特征；因产地、品种等不同，品质特征也有很大差异。

（1）不同制法的红碎茶。

① 传统红碎茶。

传统揉捻机自然产生的红碎茶滋味浓，强度常较卷成条索的叶茶好。为了提高红碎茶的产量，将棱骨改成刀口，采取加压多次揉切的方法。这种盘式揉切法实际上对增加细胞破坏率的效果并不大；相反，叶子因长时间闷在揉桶中升温高，而使香味欠鲜强，汤色、叶底欠明亮。但干茶色泽较乌润，颗粒也较紧结重实。目前该方法在生产上已很少应用，有的应用传统揉捻机“打条”，再用转子机切碎。本法所制成的成品有叶茶、碎茶、片茶、末茶四种花色。

② C. T. C 红碎茶（图 2-31）。

用 C. T. C 揉切机生产红碎茶，彻底改变了传统的揉切方法。萎凋叶通过两个不锈钢滚轴间隙，在不到 1 s 的时间内就达到了充分破坏细胞的目的，同时使叶子全部轧碎成颗粒状。由于发酵均匀而迅速，所以必须及时烘干，才能获得汤味浓、强、鲜的品质特征。但由于 C. T. C 揉切机的机械性能和精密度较高，对鲜叶嫩匀度的要求也较高，两个滚轴的间隙必须调节适当，品质才能得到保证。

产品全部为碎茶，颗粒大小依叶子厚薄及滚轴间隙决定，较其他碎茶稍大而重实匀整，色泽泛棕，成为 C. T. C 红碎茶的特征。其叶底如图 2-32 所示。

③ 转子红碎茶。

萎凋叶在转筒中挤压推进的同时，达到轧碎叶子和破坏细胞的目的。

品质特征：外形颗粒不及传统红碎茶或 C. T. C 红碎茶紧结重实，但主要问题是转子中叶温过高，致使揉切叶内的多酚类酶促氧化过剧而使有效成分下降，在一定程度上降低了转子红碎茶的鲜强度。

图 2-31　C. T. C 红碎茶

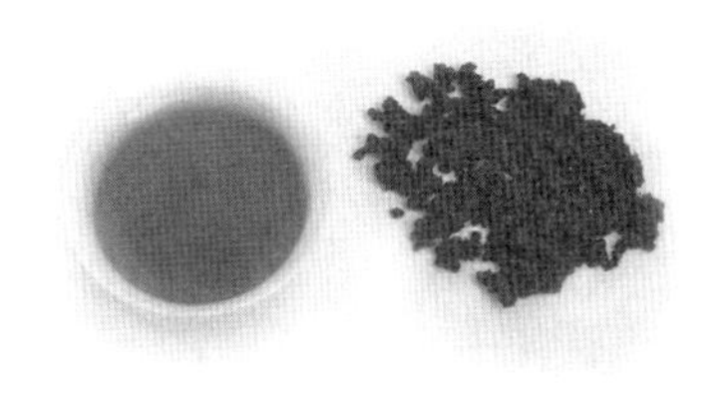

图 2-32　C. T. C 红碎茶叶底

④ L. T. P 红碎茶。

L. T. P 揉切机像锤击磨碎机，用离心风扇输入和输出叶子，不需要预揉捻，对叶细胞的破坏程度比 C. T. C 揉切机更大，具有强烈、快速、低温揉切的特性。产品几乎全部为片、末茶，颗粒形碎茶极少，色泽红棕，鲜强度较好，略带涩味，汤色红亮，叶底红匀。将 L. T. P 揉切机与 C. T. C 揉切机联装可生产颗粒紧结的碎茶。

⑤ 不萎凋红碎茶。

在雨天因设备不足，来不及进行加温萎凋时，鲜叶就不经萎凋，直接用切烟机切成细条后揉捻，再进行发酵、烘干。不萎凋红碎茶外形都是扁片，内质汤色、叶底红亮，香味带青涩，刺激性强。

（2）不同叶型的红碎茶。

① 叶茶。

叶茶是传统红碎茶的一种花色。外形条索紧结、挺直、匀齐，色泽乌润；内质香气芬芳，汤色红亮，滋味醇厚，叶底红亮，多嫩茎。

② 碎茶。

外形颗粒重实匀齐，色泽乌润或泛棕；内质香气馥郁，汤色红艳，滋味浓强鲜爽，叶底红匀。

③ 片茶。

外形全部为木耳形的屑片或皱折角片，色泽乌褐；内质香气尚纯，汤色尚红，滋味尚浓略涩，叶底红匀。

④ 末茶。

外形全部为砂粒状末，色泽乌黑或灰褐；内质汤色深暗，香低，味粗涩，叶底红暗。

（3）不同产地品种红碎茶。

因产地品种不同，我国有四套红碎茶标准样，用大叶种制成的一、二套样红碎茶品质高于用中小叶种制成的三、四套样红碎茶品质。

① 大叶种红碎茶。

外形颗粒紧结重实，有金毫，色泽乌润或红棕；内质香气高锐，汤色红艳，滋味浓强鲜爽，叶底红匀。

② 中小叶种红碎茶。

外形颗粒紧卷，色泽乌润或棕褐；内质香气高鲜，汤色尚红亮，滋味欠浓强，叶底尚红匀。

（4）国外红碎茶。

① 印度红碎茶。

其主要茶区在印度东北部，以阿萨姆产量最高，其次为大吉岭和杜尔司等。

阿萨姆红碎茶：用阿萨姆大叶种制成。外形金黄色，毫尖多，身骨重；内质茶汤色深味浓，有强烈的刺激性。

大吉岭红碎茶：用中印杂交种制成。外形大小相差很大，具有高山茶的品质特征，有独特的馥郁芳香，称为“核桃香”。

杜尔司红碎茶：用阿萨姆大叶种制成。因雨量多，萎凋困难，茶汤刺激性稍弱，浓厚欠透明。不萎凋红碎茶刺激性强，但带涩味，汤色、叶底红亮。

② 斯里兰卡红碎茶。

按产区海拔不同，斯里兰卡红碎茶分为高山茶、半山茶和平地茶三种。茶树大多是无性系的大叶种，外形没有明显差异，芽尖多，做工好，色泽乌黑匀润。内质高山茶最好，香气高，滋味浓。半山茶外形美观，香气醇厚。平地茶外形美观，滋味浓而香气低。

③ 孟加拉红碎茶。

孟加拉红碎茶的主要产区为雪尔赫脱和吉大港。雪尔赫脱红碎茶做工好，汤色深，香味醇和。吉大港红碎茶形状较小，色黑，茶汤色深而味较淡。

④ 印尼红碎茶。

印尼红碎茶的主要产区为爪哇和苏门答腊。爪哇红碎茶制工精细，外形美观，色泽乌黑。高山茶有斯里兰卡红碎茶的香味。平地茶香气低，茶汤浓厚而不涩。苏门答腊红碎茶品质稳定，外形整齐，滋味醇和。

⑤ 苏联红碎茶。

苏联红碎茶的主要产区为格鲁吉亚，北至克拉斯诺达尔边区，气候较冷。苏联红碎茶都是小叶种，20 世纪 50 年代初期曾从我国大量引进祁门槠叶种、淳安鸠坑种，采用传统制法。外形匀称平伏，揉捻较好；内质香气纯和，汤色明亮，滋味醇而带刺激性，叶底红匀尚明亮。

⑥ 东非红碎茶。

东非红碎茶的主要产区有肯尼亚、乌干达、坦桑尼亚、马拉维等。东非红碎茶用大

叶种制成，品质中等。近年来肯尼亚红碎茶品质提高较明显。

世界产茶国所产的红茶大多是红碎茶，目前消费的主要是碎、片、末三个类型。我国生产的红碎茶因产地、品种、栽培管理和加工工艺不同，有四套标准样，规格分叶、碎、片、末。叶茶条索紧结挺直，碎茶呈颗粒状，片茶皱卷，末茶呈砂粒状。我国的红碎茶也有个别特殊规格。例如，叶茶（OP）以其特有的茶身长、圆、紧、直为优。大叶种碎茶（FBOP）以其特有的金黄芽毫为优，末茶以砂粒为好。

国际市场对红碎茶的品质要求：外形匀正、洁净，色泽乌黑或带褐红色而油润，规格分清，有一定重实度。内质鲜、强、浓，忌陈、钝、淡，有中和性，汤色红艳明亮，叶底红匀鲜明。

（二）红茶感官审评术语

1. 红茶干茶形状

金毫：嫩芽带金黄色茸毫。

紧卷：碎茶颗粒卷得很紧。

折皱：颗粒卷得不紧，边缘折皱，为红碎茶中片茶的形状。

粗大：比正常规格大的茶。

粗壮：条粗大而壮实。

细小：比正常规格小的茶。

茎皮：嫩茎和梗揉碎的皮。

毛衣：呈细丝状的茎梗皮、叶脉等，红碎茶中含量较多。

毛糙：形状、大小、粗细不匀，有毛衣、筋皮。

2. 红茶干茶色泽

乌润：乌黑而油润。

油润：鲜活，光泽好。

褐黑：乌中带褐，有光泽。

灰枯：色灰而枯燥。

3. 红茶汤色

红艳：茶汤红浓，金圈厚而金黄，鲜艳明亮。

红亮：红而透明光亮。此术语也适用于叶底色泽。

红明：红而透明，亮度次于“红亮”。

浅红：红而淡，浓度不足。

冷后浑：茶汤冷却后出现浅褐色或橙色乳状的浑浊现象，为优质红茶的象征之一。

姜黄：红碎茶茶汤加牛奶后，呈姜黄色。

粉红：红碎茶茶汤加牛奶后，呈明亮的玫瑰红色。

灰白：红碎茶茶汤加牛奶后，呈灰暗浑浊的乳白色。

浑浊：茶汤中悬浮较多破碎叶组织微粒及胶体物质，常由萎凋不足，揉捻、发酵过度形成。

4. 红茶香气

鲜甜：鲜爽带甜感。此术语也适用于滋味。

高锐：香气鲜锐，高而持久。

甜纯：香气纯而不高，但有甜感。

麦芽香：干燥得当，带有麦芽糖香。

桂圆干香：似干桂圆的香。

浓顺：松烟香浓而和顺，不呛喉鼻，为品质较高的正山小种红茶香味特征。

5. 红茶滋味

浓强：茶味浓厚，刺激性强。

浓甜：味浓而带甜，富有刺激性。

浓涩：富有刺激性，但带涩味，鲜爽度较差。

桂圆汤味：茶汤似桂圆汤味。

6. 红茶叶底

红匀：红色深淡一致。

紫铜色：色泽明亮，黄铜色中带紫，为优良叶底颜色。

乌暗：似成熟的栗子壳色，不明亮。

乌条：叶底乌暗而不开展。

古铜色：色泽红且较深，稍带青褐色，为小种红茶所特有的叶底色泽。

三、项目实施

1. 项目步骤

（1）实训开始。

（2）准备器具：样茶盘、评茶杯碗、叶底盘、茶匙、天平、定时钟等。

（3）准备茶样：滇红特级、滇红一级、祁红、川红、黔红、宜红、宁红、坦洋工夫、C. T. C 红碎茶、其他红碎茶。

（4）按照模块一中的项目四分别审评 1 至 4 号茶样、5 至 8 号茶样、9 至 12 号茶样、13 至 16 号茶样、17 至 20 号茶样。

（5）收样。

（6）收具。

（7）实训结束。

2. 实训安排

（1）实训地点：茶叶审评室。

（2）课时安排：实训授课 10 学时，每 2 个学时审评 4 个茶样，每个茶样可重复审评一次。每 2 个学时 90 min，其中教师讲解 30 min，学生分组练习 50 min，考核 10 min。

四、项目预案

红茶在初制时，鲜叶先经萎凋，减重约 30%～45%，增强酶活性，然后再经揉捻或揉切、发酵和烘干，形成红茶红汤红叶、香味甜醇的品质特征。

1. 红条茶

（1）加工工艺。

小种红茶主要的加工工艺为鲜叶萎凋、揉捻、发酵、过红锅、复揉和熏焙等。

小种红茶的萎凋采用室内加温萎凋（又称焙青）和日光萎凋。室内加温萎凋在专门建造的“青楼”上进行，青楼上架设隔木横档，横档每隔 3～4 cm 设一根，上铺竹席，用于摊放萎凋叶。底层设有吊架，用于熏焙经复揉过的茶坯。萎凋时，楼下烧松柴，加温烟熏竹席上的鲜叶。日光萎凋则利用自然光进行。

用小型揉捻机或可调速调压揉捻机揉捻，揉捻程度稍重。发酵是将揉捻适度的茶置竹篓或水筛上，其上覆盖棉布在烘青楼上加温 6～8 h，待 80% 以上茶坯至红褐色时，进行锅炒（过红锅）。过红锅的目的是停止发酵，保存茶多酚，然后复揉。

熏焙是将复揉叶均匀摊于水筛置青楼吊架上，下烧松柴，茶坯吸附松烟使之具有特殊的松烟香。熏焙过程中不用翻叶摊凉，经 8～12 h，茶叶手捏成粉末即可下烘。

（2）审评要点。

外形审评：小种红茶外形审评以嫩度、条索为主。形状一般以嫩度好、条索粗壮紧结为好。色泽以油润为好，以褐暗为差。匀度和净度的审评与烘青茶基本相同。

内质审评：小种红茶内质审评以香气、滋味为主。汤色呈深金黄色，有金圈为上品，汤色浅、暗、浊次之。香气以既有纯茶香又有浓纯持久的松烟香为好，烟味淡、薄、短、粗、杂为差茶。滋味以纯、醇、顺、鲜的桂圆味为好，以淡、薄、粗、杂滋味为较差。叶底以叶张嫩、柔软肥厚、整齐均匀、呈古铜色为好，有死红、花青、暗张、粗老的品质较差。

2. 红碎茶

（1）加工工艺。

红碎茶的加工工艺包括鲜叶萎凋、揉切、发酵和烘干。

① 萎凋。

萎凋程度的掌握要根据茶树品种、揉切机类型、鲜叶老嫩不同而异。大叶种采用转子式揉切机，嫩叶要求萎凋老些；小叶种采用圆盘式揉切机，老叶要求萎凋轻些。一般含水量控制在60%左右。

② 揉切。

揉切是为了改变叶子的物理性状，达到红碎茶要求的外形；同时，破坏叶片组织，将叶汁挤出，与氧气充分接触，加速茶多酚的酶促氧化及一系列物质变化。揉切时先揉条后切碎，可以获得较多的颗粒形的碎茶。在切碎过程中，叶片受到切、压、挤的作用，叶温迅速上升。为防止在切碎过程中因叶温过高而发酵过度，又因为不可能通过一次揉切达到要求，所以多采用“短时多次切筛法”，即用普通揉捻机揉条，筛分后用平盘式揉切机揉切，切后再筛分，筛下茶直接发酵；筛头进入转子机反复多次揉切，直到仅有少量茶头为止。

③ 发酵和烘干。

红碎茶发酵和烘干的目的和方法与工夫红茶相同。但由于红碎茶茶身小，叶组织破坏率高，因而发酵进展快、时间短。为避免发酵过度，一般发酵程度控制在适度偏轻为宜。发酵时摊叶宜薄，一般4～8 cm，烘干要及时。

（2）审评要点。

红碎茶的品质优劣，特别着重内质的汤味和香气，外形居第二位。

外形审评：红碎茶外形要求匀齐一致。碎茶颗粒卷紧，叶茶条索紧直，片茶皱褶而厚实，末茶呈砂粒状，体质重实。碎、片、叶、末的规格要分清。碎茶中不含片、末茶，片茶中不含末茶，末茶中不含灰末。色泽乌润或带褐红，忌灰枯或泛黄。

内质审评：红碎茶汤色深浅和明亮度是茶叶汤质的反映。汤色以红艳明亮为上，暗浊为下。高档的红碎茶具有果香、花香和类似茉莉花的甜香，要求尝味时还能闻到茶香。品评红碎茶的滋味，特别强调汤质。汤质是指浓、强、鲜（浓厚、强烈、鲜爽）的程度。浓度是红碎茶的品质基础，鲜强是红碎茶的品质风格。红碎茶汤要求浓、强、鲜具备；如果汤质淡、钝、陈，则茶叶的品质次。叶底色泽以红艳明亮为上，暗杂为下；叶底的嫩度以柔软匀整为上，粗硬花杂为下。红碎茶的叶底着重红亮度，而嫩度相当即可。

五、项目评价

本项目评价考核评分表如表2-6所示。

表 2-6　项目五评价考核评分表

分项	内容	分数	自评分（10%）	组内互评分（10%）	组间互评分（10%）	教师评分（70%）	实际得分
1	茶样 1 号 名称______	20 分					
2	茶样 2 号 名称______	20 分					
3	茶样 3 号 名称______	20 分					
4	茶样 4 号 名称______	20 分					
5	综合表现	20 分					
合计		100 分					

六、项目作业

填写茶叶品质感官审评结果记录单（表 2-2）。

七、项目拓展

（1）红茶可分为哪几类？

（2）红茶的感官审评指标包括哪些？

项目六 青茶审评

一、项目要求

了解青茶的分类，掌握青茶品质的感官审评方法。了解安溪铁观音、武夷岩茶、凤凰单枞、冻顶乌龙茶的品质特征。

二、项目分析

（一）青茶的品质特征

青茶（又称乌龙茶）总的品质特征是色泽青褐、汤色橙黄、滋味醇厚（或滋味鲜爽）、香气馥郁（或高香浓郁），冲泡后叶底呈“绿叶红镶边”，属半发酵茶类。其中，属轻度发酵的青茶如文山包种茶，属中度发酵的青茶如安溪铁观音，属重发酵的青茶如白毫乌龙茶、武夷岩茶等。

青茶品质特征的形成与它选择特殊的茶树品种（如水仙、铁观音、肉桂、黄棪、梅占、乌龙等）、特殊的采摘标准和特殊的初制工艺是分不开的。鲜叶采摘，在茶树新梢生长至一芽四五叶、顶芽形成驻芽时，采其成熟叶，俗称“开面采”。鲜叶经晒青、凉青、做青，在水筛或摇青机内，通过手臂或机器的转动，促使叶缘组织遭受摩擦，破坏叶细胞，多酚类发生酶促氧化缩合，生成茶黄素（橙黄色）和茶红素（棕红色）等物质，形成绿叶红边的特征，而且散发出一种特殊的芬芳香味；再经高温炒青，彻底破坏酶活性，并且经过揉捻，使青茶形成紧结粗壮的条索；最后烘焙，使茶香进一步发挥。它的氧化程度在酶促氧化中是最轻的，但与非酶促氧化程度最重的黑茶相比，仍略微重一些。

青茶产于福建、广东和台湾三省。福建青茶又分闽北和闽南两大产区。闽北主要是武夷山市（原崇安县）、建瓯、建阳等地，产品以武夷岩茶为极品；闽南主要是安溪、永春、南安、同安等地，产品以安溪铁观音久负盛名。广东青茶主要产于潮州市的潮安、饶平等地，产品以凤凰单枞和凤凰水仙品质为佳。台湾青茶主要产于新竹、桃园、苗栗、南投等地，产品有乌龙和包种等。

1. 闽北青茶

(1) 武夷岩茶。

武夷岩茶产于武夷山。武夷山多岩石，茶树生长在岩缝中，岩岩有茶，故称“武夷岩茶”。外形条索肥壮、紧结、匀整，带扭曲条形，俗语称“蜻蜓头”；叶背起蛙皮状砂粒，俗称“蛤蟆背”；色泽绿润带宝光，俗称“砂绿润”。内质香气馥郁隽永，具有特殊的“岩韵”，俗称“豆浆韵”；滋味醇厚回甘，润滑爽口；汤色橙黄，清澈艳丽；叶底柔软匀亮，边缘朱红或起红点，中央叶肉浅黄绿色，叶脉浅黄色，耐泡五次以上。

武夷岩茶按产地分为大岩（又称正岩）茶、半岩茶、洲茶和外山茶。正岩地区又分为名岩和正岩：名岩指武夷山三坑二涧（慧苑坑、牛栏坑、大坑口、流香涧、悟源涧）区域；除三坑二涧外，其余的山峰、山岩称正岩。半岩茶指名岩和正岩以外及九曲溪一带地区所产的茶。洲茶则是公路两旁、溪流两岸的平地所产的茶。外山茶指武夷山外围所产的茶。

正岩茶香高且持久，岩韵显，汤色深艳，味甘厚，可耐冲泡六七次，叶质肥厚柔软，红边明显。半岩茶香虽高但不及正岩茶持久，稍欠韵味。洲茶色泽带枯暗，香低味淡，为岩茶中的低级产品。

岩茶多数以茶树品种的名称命名。用水仙品种制成的称为武夷水仙，以菜茶或其他品种制成的称为武夷奇种。在正岩（如天心、竹窠、兰谷、水帘洞等）中选择部分优良茶树单独采制成的岩茶称为单枞，品质在奇种之上，单枞加工品质特优的称为名枞，如大红袍（图 2-33）、铁罗汉、白鸡冠、水金龟等。

目前，武夷岩茶主要有武夷水仙和武夷奇种两种。

① 武夷水仙（图 2-34）。

武夷水仙茶树品种属半乔木型，叶片比普通小叶种大一倍以上。因产地不同，虽为同一品种制成的青茶，如武夷水仙、闽北水仙和闽南水仙，但品质差异甚大，以武夷水仙品质最佳。武夷水仙的品质特征：外形条索肥壮、紧结、匀整，叶端折皱扭曲，如蜻蜓头，色泽青翠黄绿，油润有光，具“三节色”特征；内质香气浓郁清长，岩韵显，汤色金黄，深而鲜艳，滋味浓厚而醇，具有爽口回甘的特征，叶底肥厚软亮，红边明显。

图 2-33　大红袍

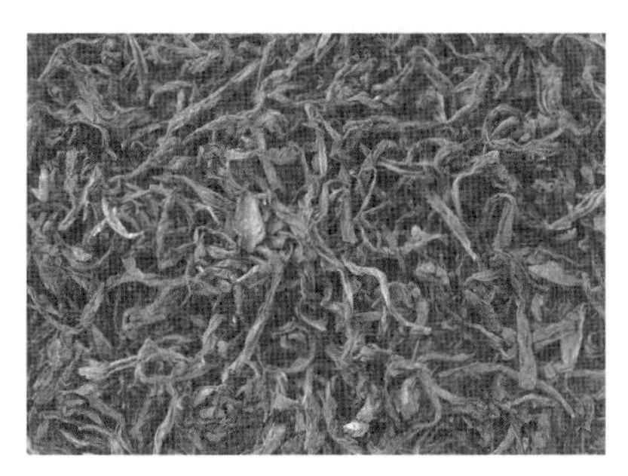

图 2-34　武夷水仙

② 武夷奇种。

外形条索紧结匀净，叶端折皱扭曲，色泽乌润砂绿，具“三节色”特征；内质香气清匀细长，岩韵显，汤色清澈明亮，滋味醇厚，浓而不涩，醇而不淡，回味清甘，叶底软亮匀整。

闽北青茶产地还包括武夷山市（除武夷山外）、建瓯、建阳、水吉等地，以闽北水仙和闽北乌龙品质较好。

（2）闽北水仙。

外形条索紧结沉重，叶端扭曲，色泽油润，间带砂绿蜜黄（鳝皮色）；内质香气浓郁，具有兰花清香，汤色清澈，显橙红色，滋味醇厚、鲜爽、回甘，叶底肥软黄亮，红边鲜艳。

闽北水仙因产地不同，分为崇安水仙、建瓯水仙、水吉水仙三种，品质也略显差异。

崇安水仙：武夷山的外山茶，品质虽不及武夷岩茶，但仍不失为闽北青茶中的佳品。干茶条索粗松，色泽黄绿有光，香气芬芳，茶汤浓厚，滋味醇正鲜爽。

建瓯水仙：条索虽较粗松，但比崇安水仙好，茶汤金黄色，浓厚鲜艳，滋味醇厚清快，叶底粗老皱缩，不很开展，绿叶红镶边较少。

水吉水仙：条索较紧结，形状不及建瓯水仙整齐，色泽灰黑黄绿，茶汤淡薄清澈，香气较低，滋味清淡醇正，叶底细嫩，黄绿明亮。

（3）闽北乌龙。

外形条索细紧重实，叶端扭曲，色泽乌润；内质香气清高细长，汤色清澈，呈金黄色，滋味醇厚带鲜爽，叶底柔软，肥厚匀整，绿叶红边。

建瓯乌龙茶：条索略粗松而微扁，色泽灰黑，香气清高，汤色金黄，滋味入口爽适。

崇安龙须茶（又称束型茶）：色泽黄绿，汤色橙黄，清澈明净，香气低，带青草气，滋味淡薄，入口欠爽快，叶底粗老，梗叶相同，一般作为鉴尝礼品用。

2. 闽南青茶

闽南青茶一般的品质特征：外形条索紧结重实，呈颗粒状，色泽油润，稍带砂绿；内质香气浓郁清长，汤色橙黄清亮，滋味醇厚回甘，叶底柔软，红点显。

闽南青茶按茶树品种分为铁观音、乌龙、色种。色种不是单一的品种，而是由除铁观音和乌龙外的其他品种青茶拼配而成。

（1）安溪铁观音（图 2-35）。

图 2-35 安溪铁观音

铁观音既是茶名，又是茶树品种名，因身骨沉重如铁，形美似观音而得名。安溪铁观音是闽南青茶中的极佳品。

外形条索圆结匀净，多呈螺旋形，身骨重实，色泽砂绿翠润，青腹绿蒂，俗称“香蕉色”；内质香气清高馥郁，具天然的兰花香，汤色清澈金黄，滋味醇厚甜鲜，入口微苦，立即转甘，音韵明显，耐冲泡，七泡尚有余香，叶底开展，肥厚软亮，匀整，边缘下垂，青翠红边显。

（2）安溪乌龙。

外形条索壮实，尚匀净，色泽乌润；内质香气高而隽永，汤色黄明，滋味浓醇，叶底软亮匀整，目前生产甚少。

（3）安溪色种。

外形条索壮结匀净，色泽翠绿油润；内质香气清高细锐，汤色金黄，滋味醇厚甘鲜，叶底软亮、匀整，红边显。

组成色种的几个主要优良品种：

水仙：外形条索壮结卷曲，较闽北水仙略小，色油润，间带砂绿；内质香气清高细长，汤色橙黄，清澈明亮，滋味浓厚鲜爽，耐冲泡，可泡五六次，叶底厚软黄亮，红边显。

奇兰：条索较铁观音略粗，色泽和叶底接近铁观音，叶形稍长而薄，香味不及铁观音。

梅占：香气不及奇兰，滋味浓厚而略浊，汤色也浊。

香橼：外形叶张近圆而大，条索壮结重实，色泽砂绿油润；内质香气高锐，类似雪梨香，汤色清澈金黄，滋味甘醇，耐冲泡，可泡四五次，叶底肥厚完整，红点显。

黄棪：又名黄金桂。外形条索紧结匀整，色泽绿中带黄；内质香气清高优雅，有天然的花香，汤色浅金黄明亮，滋味醇和回甘，叶底黄嫩明亮，红点显。

3. 广东青茶

广东青茶盛产于潮州市的潮安、饶平等地。花色品种主要有水仙、浪菜、单枞、乌龙、色种等。

潮安青茶因主要产区为凤凰乡，一般以水仙品种结合地名而称为“凤凰水仙”。凤凰单枞是从凤凰水仙的茶树品种植株中选育出来的优异单株。浪菜采摘多为白叶水仙种，叶色浅绿或黄绿；水仙采摘多为乌叶水仙种（叶色呈深绿色）。单枞、浪菜采制精细，水仙稍为粗放。

（1）凤凰单枞（图2-36）。

图2-36　凤凰单枞

外形条索肥壮、紧直、重实，色带褐，似鳝皮色，油润有光；内质香气馥郁，有天然的

花香（如黄栀花香、蜜兰香、杏仁香等），汤色橙黄，清澈明亮，滋味浓醇、鲜爽、回甘，耐冲泡，叶底肥厚柔软，绿腹红边。

（2）凤凰水仙。

外形条索肥壮匀整，色泽灰褐乌润；内质香气清香芬芳，汤色清红，滋味浓厚回甘，叶底厚实，红边绿心。

4. 台湾青茶

台湾青茶（台湾乌龙茶）产于台北、桃园、新竹、苗栗、宜兰、南投、云林、嘉义等县市茶区，产品有包种、乌龙等。

（1）文山包种茶。

文山包种茶也称“清茶”，产于台北市的文山地区和南港、木栅等地。文山是古地名，包括当今的坪林、石碇、深坑等地。茶园位于山凹，采摘精细。文山包种茶属轻发酵茶类，外形条索自然弯曲，色泽深绿油润；内质香气清新、持久，有自然花香，滋味甘醇、滑活、鲜爽、回味强，汤色蜜绿或蜜黄色，清澈明亮。

（2）木栅铁观音。

木栅铁观音产于台湾省台北市木栅地区。外形紧结卷曲，呈颗粒状，白毫显露，色褐油润；内质香气浓，带坚果香，汤色呈琥珀色，明亮艳丽，滋味浓厚甘滑，收敛性强，叶底淡褐嫩柔，芽叶成朵。

（3）冻顶乌龙茶（图2-37）。

冻顶乌龙茶属半球形包种茶，产于台湾省的南投、云林、嘉义等地。外形条索自然卷曲成半球形，整齐紧结，白毫显露，色泽翠绿、鲜艳、有光泽；干茶具强烈芳香，冲泡后清香明显，带自然花果香，汤色蜜黄或金黄，清澈而鲜亮，滋味醇厚甘润，富活性，回韵强，叶底嫩柔有芽。

图2-37　冻顶乌龙茶

典型冻顶乌龙茶的特征是喉韵十足，带明显的人工焙火韵味与香气，饮后令人回味无穷。冻顶乌龙茶主产于南投县鹿谷乡。此外还有松柏长青茶、竹山（或杉林溪）乌龙茶、梅山乌龙茶、玉山乌龙茶、阿里山珠露、阿里山乌龙茶等，其外观呈紧结墨绿的半球状。

（4）金萱。

外形紧结，呈半球形状或球状，色泽翠润；内质香气具有特殊的品种香，其中以表现牛奶糖香者为上品，滋味甘醇，汤色蜜绿明亮。选用台茶12号制作。

（5）翠玉。

外形紧结，呈半球形状或球状，色泽翠润；内质香气似茉莉和玉兰，以后者明显，

滋味醇，汤色蜜绿明亮。选用台茶 13 号制作，茶区分布在坪林、宜兰、台东和南投一带。

（6）白毫乌龙茶。

白毫乌龙茶（又名椪风茶、东方美人茶、香槟乌龙茶）产于夏季，为新竹县北埔、峨眉及苗栗县头份等地的青心大有品种，限用手采茶青，且唯有经小绿叶蝉感染者才能制成较佳品质的白毫乌龙茶，是台湾新竹、苗栗的特产。典型的白毫乌龙茶外观艳丽多彩，具明显的红、白、黄、褐、绿五色相间，形状自然卷缩宛如花朵，香气带有明显的天然熟果香，滋味似蜂蜜般甘甜，茶汤鲜艳橙红，叶底淡褐有红边，叶基部呈淡绿色，叶片完整，芽叶连枝。

（二）青茶感官审评术语

1. 青茶干茶形状

蜻蜓头：茶条叶端卷曲，紧结沉重，状如蜻蜓头。

壮结：茶条肥壮结实。

壮直：茶条肥壮挺直。

细结：颗粒细小紧结或条索卷紧、细小、结实，多为闽南青茶中的黄金桂或广东石古坪乌龙茶的外形特征。

扭曲：茶条扭曲，叶端折皱重叠，为闽北青茶特有的外形特征。

尖梭：茶条长而细瘦，叶柄窄小，头尾细尖如菱形。

粽叶蒂：干茶叶柄宽、肥厚，如包粽子的箬叶的叶柄，包揉后茶叶平伏，铁观音、水仙、大叶乌龙等品种有此特征。

白心尾：芽头有白色茸毛包裹。

叶背转：叶片水平着生的鲜叶，经揉捻后，叶面顺主脉向叶背卷曲。

2. 青茶干茶色泽

砂绿：似蛙皮绿，即绿中似带砂粒点。

青绿：色绿而带青，多为雨水青、露水青或做青工艺走水不匀引起“滞青”而形成。

乌褐：色褐而泛乌，常为重做青乌龙茶或陈年乌龙茶的色泽。

褐润：色褐而富光泽，为发酵充足、品质较好的乌龙茶的色泽。

鳝鱼皮：干茶色泽砂绿蜜黄，富有光泽，似鳝鱼皮色，为闽南水仙等品种特有的色泽。

象牙色：黄中呈赤白，为黄金桂、赤叶奇兰、白叶奇兰等特有的品种色。

三节色：茶条叶柄呈青绿或红褐色，中部呈乌绿或黄绿色，带鲜红点，叶端呈朱砂红色或红黄相间。

红点：做青时叶中部细胞破损的地方，叶子的红边经卷曲后，都会呈现红点，以鲜红点品质为好，褐红点品质较差。

香蕉色：叶色呈翠黄绿色，如刚成熟香蕉皮的颜色。

明胶色：干茶色泽油润有光泽。

芙蓉色：在乌润色泽上泛白色光泽，犹如覆盖了一层白粉。

3. 青茶汤色

蜜绿：浅绿略带黄，多为轻做青乌龙茶的汤色。

绿金黄：金黄色中带浓绿色，为做青不足的表现。

金黄：以黄为主，微带橙黄，有淡金黄、深金黄之分，反光亮度好。

清黄：黄而清澈，比金黄色的汤色略淡。

茶籽油色：茶汤金黄明亮有浓度，如茶籽压榨后的茶油颜色。

青浊：茶汤中有带绿色的胶状悬浮物，为做青不足、揉捻重压而造成。

4. 青茶香气

岩韵：武夷岩茶特有的地域风味，俗称“岩骨花香”。

音韵：铁观音所特有的品种香和滋味的综合体现。

高山韵：高山茶所特有的香气清高细腻，滋味丰韵饱满、厚而回甘的综合体现。

浓郁：浓而持久的特殊花果香。

花香：似鲜花的自然清香，新鲜悦鼻，多为优质青茶的品种香和闽南青茶做青充足的香气。

花蜜香：花香中带有蜜糖香味，为广东蜜兰香单枞、岭头单枞的特有品种香。

清长：清而纯正并持久的香气。

粟香：经中等火温长时间烘焙而产生的如粟米的香气。

奶香：香气清高细长，似奶香，多为成熟度稍嫩的鲜叶加工而形成。

果香：浓郁的果实熟透香气，如香橼香、水蜜桃香、椰香等，常用于闽南青茶的佛手、铁观音、本山等特殊品种茶的香气；也有似干果的香气，如核桃香、桂圆香等，常用于红茶的香气。

酵香：似食品发酵时散发的香气，多由做青程度稍过度或包揉过程未及时解块散热而产生。

高强：香气高，浓度大，持久。

木香：茶叶粗老，或冬茶后期，梗叶木质化，香气中带纤维气味和甜感。

辛香：香高有刺激性，微青辛气味，俗称线香，为梅占等品种香。

地域香：特殊地域、优质自然栽培的茶树，其鲜叶加工后会产生特有的香气，如岩香、高山香等。

失风味：香气、滋味失去正常的风味，多半因干燥后茶叶摊凉时间太长，茶暴露于

空气中，或保管时未密封，茶叶吸潮引起。

日晒气：茶坯受阳光照射后，带有日光味，似晒干菜的气味，也称日腥味、太阳味。

香飘、虚香：香浮而不持久，多为做青时间太长或做青叶温和气温太高而产生的香气特征。

粗短气：香短，带粗老气息。

青浊气：气味不清爽，多为雨水青、杀青未杀透或做青不当而产生的青气和浊气。

黄闷气：闷浊气，包揉时由于叶温过高或定型时间过长而闷积产生的不良气味。也有因烘焙过程火温偏低或摊焙茶叶太厚而引起。

闷火：烘焙后，未适当摊凉而形成的一种令人不快的火气。

硬火、猛火：烘焙火温偏高、时间偏短、摊凉时间不足即装箱而产生的火气。

馊气：轻做青时间拖得过久或湿坯堆积时间过长产生的馊酸气。

5. 青茶滋味

清醇：茶汤入口爽适，清爽带甜，为闽南青茶的滋味特征。

粗浓：味粗而浓。

浊：口感不顺，茶汤中似有胶状悬浮物或杂质。

青浊味：茶汤不清爽，带青味和浊味，多为雨水青、晒青、做青不足或杀青不匀不透而产生。

苦涩味：茶味苦中带涩，多为鲜叶幼嫩，萎凋、做青不当或是夏暑茶而引起。

闷黄味：茶汤有闷黄软熟的气味，多为杀青叶闷堆未及时摊开、揉捻时间偏长或包揉叶温过高、定型时间偏长而引起。

水味：茶汤浓度感不足，淡薄如水。

酵味：晒青不当造成灼伤或做青过度而产生的不良气味，汤色常泛红，叶底夹杂有暗红张。

苦臭味：滋味苦中带腥，难以入口。

6. 青茶叶底

肥亮：叶肉肥厚，叶色明亮。

软亮：嫩度适当或稍嫩，叶质柔软，按后伏贴盘底，叶色明亮。

红边：做青适度，叶边缘呈鲜红或朱红色，叶中央黄亮或绿亮。

绸缎面：叶肥厚，有绸缎花纹，手摸柔滑有韧性。

滑面：叶肥厚，叶面平滑无波状。

白龙筋：叶背主脉泛白，浮起明显，叶张薄软。

红筋：叶柄、叶脉受损伤，发酵泛红。

糟红：发酵不正常或过度，叶底褐红，红筋、红叶多。

暗红张：叶张发红而无光泽，多为晒青不当造成灼伤或发酵过度而产生。

死红张：叶张发红，夹杂伤红叶片，为采摘、运送茶青时人为损伤和闷积茶青，或晒青、做青不当而产生。

三、项目实施

1. 项目步骤

（1）实训开始。

（2）准备器具：样茶盘、评茶杯碗、叶底盘、茶匙、天平、定时钟等。

（3）准备茶样：大红袍、武夷水仙、武夷肉桂、闽北乌龙、安溪铁观音、白芽奇兰、凤凰单枞、乌東单枞、冻顶乌龙、白毫乌龙等中的六个。

（4）按照模块一中的项目四分别审评茶样。

（5）收样。

（6）收具。

（7）实训结束。

2. 实训安排

（1）实训地点：茶叶审评室。

（2）课时安排：实训授课6学时，每2个学时审评4个茶样，每个茶样可重复审评一次。每2个学时90 min，其中教师讲解30 min，学生分组练习50 min，考核10 min。

四、项目预案

（一）武夷岩茶

1. 加工工艺

（1）采摘。

茶青质量是决定茶叶品质的重要因素，包括茶青内在品质和外观质量两部分。茶青内在品质主要由茶树品种、茶园立地环境和栽培管理措施等因素构成，外观质量主要由茶青采摘标准、时间、气候、储运等因素构成。

① 茶青采摘标准。

武夷岩茶要求茶青采摘标准为新梢芽叶伸育较完熟，无叶面水，无破损，新鲜，均匀一致。茶树新梢伸育至最后一叶开张形成驻芽后即称开面。当新梢顶部第一叶与第二叶的比例小于三分之一时即称小开面，介于三分之一至三分之二时称中开面，达三分之二以上时称大开面。茶树新梢伸育两叶即开面者，称对夹叶。武夷岩茶要求的最佳采摘标准为开面三叶。不同的品种略有差异，如肉桂以中小开面最佳，水仙以中大开面最佳等。每个品种的最佳适采期都较短，在同样的山场位置和栽培管理措施下适采期约为

3～4 天。若同一品种在适采期加工不完，则在茶园内茶青有一半以上开始小开面时开采，到大部分中开面、小部分大开面时全部采摘结束。采摘标准控制在一芽四叶至中大开面三叶，采摘期可延长到 6～8 天。

② 采摘时间。

茶叶开采期主要由茶树品种、当年气候、山场位置和茶园管理措施等因素决定。武夷山现有主栽品种的春茶采摘期约为 4 月中旬至 5 月中旬，特早芽种在 4 月上旬，特迟芽种在 5 月下旬，以后每季（夏秋茶）间隔时间约为 50 天（采后有修剪会延长下一季的时间）。采摘当天的气候对品质影响较大，晴至多云天露水干后采摘的茶青较好，雨天或露水未干时采摘的茶青较差。一天当中以上午 9～11 时、下午 2～5 时的茶青质量最好，露水青最次。因此，春茶宜选择晴至多云的天气采制，阴雨天不采制或少采制，这样有利于提高茶叶的品质。

③ 采摘方式。

采摘有人工和机械两种方式。人工采摘所需人员多、成本高、管理难度大，应加强带山人员的管理来控制茶青标准、采摘净度和青叶外观质量，在武夷山茶园分散、地形复杂、茶树长势不一处较为适用。机械采摘省劳工、成本低、速度快、效率高，适宜大面积标准化管理的茶园使用。初次使用机械采摘时茶青质量较差，含有大量的老梗、老叶，长短不一，因此，使用机械采摘前应先用修剪机定剪若干次，使树冠形成整齐的采摘面，以提高机械采摘茶青质量。机械采摘连续使用 2～3 年后，茶青质量比人工采摘的更好，是未来大生产的主要方式。但长期连续使用机械采摘会使茶树芽梢多而瘦小，干茶外形变细而欠肥壮，影响茶青外观质量，可用人工采摘和机械采摘交替使用来防止该项缺陷。

④ 茶青储运。

茶青采下后应及时运达加工厂进入下道萎凋工艺。储运时间过久会使茶青质量下降，故应尽量缩短储运时间，并注意通风散热，避阳薄摊，减少搬动次数，防止青叶堆放过厚、过紧、过久而造成机械损伤和堆沃烧伤。

（2）萎凋。

萎凋是指茶青失水变软的过程。

① 萎凋标准。

感观标准为青叶顶端弯曲，第二叶明显下垂且叶面大部分失去光泽，失水率约为 10%～16%。大部分青叶达此标准即可。青叶原料（茶树品种、茶青老嫩度等）不同，其标准也不同。例如，叶张厚的大叶种萎凋宜重，茶青偏嫩时萎凋宜重；反之宜轻。

② 萎凋方式。

有日光萎凋、加温萎凋和室内自然萎凋三种方式。生产上主要采用前两种方式。加温萎凋又分综合做青机萎凋和萎凋槽萎凋两种方式。日光萎凋历时短（约几十分钟），节省能源，萎凋效果最佳；加温萎凋历时长（约 2～4 h 不等），不均匀，茶青损伤严重，萎凋质量较差，特别是雨水青的萎凋，有待于进一步研究改进其萎凋工艺。

③ 操作方法。

日光萎凋要求将茶青置于谷席、布垫或水筛等萎凋用具上进行，特别是中午强光照时不可直接置于水泥坪上萎凋，否则极易烫伤青叶。摊叶厚度约为每平方米 2～4 斤，萎凋全过程应翻拌 2～3 次，总历时约为 30～60 min，直至达到萎凋标准为止。综合做青机萎凋用 90 型长机慢挡萎凋比用 120 型大机萎调的效果更好，热风温度在 30 ℃～32 ℃为宜（手感为手触机心热而不烫），温度过高会烧伤青叶，温度过低则萎凋时间会加长。每隔 10～15 min 翻动几转，总历时无水青为 1.5～2.5 h，雨水青为 3～4 h 左右。萎凋槽热风温度为 28 ℃～30 ℃，每隔 30 min 左右翻动一次，摊叶厚度为 10～15 cm 左右（摊叶厚度越厚，萎凋越慢、越不均匀）。

（3）做青。

做青工艺是形成青茶特有的绿叶红镶边和品质风格的关键工艺。全过程由摇青和静置发酵交替进行组成。

① 做青原理。

在适宜的温湿度等环境下，通过多次摇青，茶青叶片不断受到碰撞和相互摩擦，叶片边缘逐渐受损并均匀地加深，经发酵氧化后产生绿叶红镶边。而在静置发酵过程中，茶青内含物逐渐进行氧化和转变，散发出自然的花果香，形成青茶特有的高花香和兼有红、绿茶的风味优点。

② 做青方式。

生产上主要有综合做青机做青和手工做青两种方式，在条件较差时也可使用将两者结合起来的半手工做青方式和最简单的“地瓜畦”做青方式。市场上的“手工茶”即指采用手工做青方式生产的茶叶，其特点是占用生产场地大、耗工大、人均加工量少、技术要求高等；而用综合做青机做青则占用场地小、使用人工少，更适应于大生产的要求。

③ 操作方式。

不论何种做青方式，操作上均是摇青和静置发酵多次交替进行来完成。需摇青 5～10 次，历时 6～12 h，摇青程度先轻后重，静置时间先短后长。

a. 手工做青：将萎凋叶薄摊于 900 mm 水筛上，每筛首次青叶重约 0.5～0.8 kg，操作程序为摇青、静置重复 5～7 次。摇青次数从少到多，逐次增加，从 10 多次到 100 多次不等，每次摇青次数视茶青进展情况而定，一般以摇出青臭味为基础，再参考其他因素进行调整。静置时间每次逐渐延长，每次摊叶厚度也逐次加厚，可两筛并一筛或三筛并两筛、四筛并三筛等，直至做青达到成熟标准时结束做青程序。

b. 综合做青机做青：将萎凋叶装进综合做青机（装入量约为容量的三分之二），

或茶青在机内萎凋达到要求后，按“吹风→摇动↔静置”的程序重复进行6～10次，历时约为6～10 h，吹风时间每次逐渐缩短，摇动和静置时间每次逐渐延长，直至做青达到成熟标准时结束做青程序。

④ 看青做青。

看青做青主要指做青操作时间和程度的控制。其影响因素主要有茶青原料状况、气候状况、做青环境、设备和方式等。

a. 做青原则。

茶青在做青过程中气味变化主要表现为青气→清香→花香→果香，叶态变化主要表现为叶软无光泽→叶渐挺、红边渐现→汤匙状三红七绿。做青前期约为2～3 h，操作上应注意以茶青走水为主，需薄摊，多吹风，轻摇，轻发酵。中期约3～4 h，操作上应注意以摇红边为主，需适度发酵，摊叶逐步加厚，吹风逐步减少。后期约2～3 h，以发酵为主，注意红边适度，香型和叶态达到要求。

走水：萎凋后茶青的水分从茶梗脉向叶片输送的过程，青叶由柔软无光泽转化到叶挺泛暗光，呈“还阳”状态。

做青成熟的基本标准：青叶呈汤匙状绿叶红镶边，茶青梗皮表面呈失水皱折状，香型为低沉厚重的花果香，手触青叶呈松挺感。做青工艺结束的标志为进入高温杀青。

b. 环境控制。

晴朗的北风天利于做青。环境因素主要指室内温度、湿度和空气新鲜度。这三个因素均会互相影响，需协调到适宜状态。温度范围为20 ℃～30 ℃，以24 ℃～26 ℃最适宜。相对湿度范围为50%～90%，以70%～80%最适宜。做青过程前期温度和湿度均要求较低，全过程要求逐步增高；后期需较高的温湿度时，应特别注意防止缺氧；室内升温时空气湿度相应会降低，湿度过低不利于发酵，会出现长时间茶青不能发酵或发酵不足现象；室内炭火加温易造成缺氧，应注意适度通风。

c. 做青经验。

叶片较厚和大叶品种宜轻摇，延长走水期，多停少动，加重静置发酵。叶薄和小叶种需少停多动，摇青加重，到后期需注意发酵到位。茶青较嫩时，做青前期走水期需拉长，总历时也更长，注意轻摇、多吹风。茶青较老时，做青总历时缩短，前期走水期缩短，需重摇、重发酵、少吹风。萎凋过重时，宜轻摇、重发酵，做青时间缩短，注意防止香气过早出现和做过头。萎凋偏青时，用综合做青机做青可用加温萎凋，并注意多吹风、多走水，重摇、轻发酵，并延长做青时间，调整好温湿度，需高温低湿，否则易出现“返青”现象（做青叶到后期出现涨水，叶片和茶梗含水状态均接近新鲜茶青状，梗叶一折即断，无花果香，为做青失败现象）。温度偏低时，应注意少吹风，提早开始保温发酵。湿度偏大时，有条件者可使用去湿机，并注意通风排湿，适度加温。总之，做青过程需时时观察青叶变化，以看、嗅、摸综合观察来判断青叶是否在正常地变化，

一出现异常现象即需分析原因，并即时调整，使做青叶发挥出其最佳的品质状态。

（5）杀青。

杀青是结束做青工序的标志，是固定毛茶品质和做青质量的主要因素。杀青主要是利用高温破坏茶青中的蛋白酶活性，防止做青叶的继续氧化和发酵，同时使做青叶失去部分水分呈热软态，为后道揉捻工序提供基础条件。

① 杀青方式。

大生产上主要采用滚筒杀青机（110 型和 90 型），条件差的或少量制作时也有用手工杀青和半机械杀青。用 60～90 cm 家用锅砌成斜灶，用手工翻拌杀青为全手工杀青方式，用机械翻拌杀青为半机械杀青方式。以下介绍杀青机的使用工艺。

② 操作要点。

杀青机在初次使用或长时间未用后每季制茶首次使用前均需用细砂石和湿茶片将筒清洗干净。进青前筒温需升至 230 ℃以上，手感判断：手背朝筒中间伸入 1/3 处明显感觉烫手即可。每次进青量：110 型为 80～100 斤，90 型为 50～60 斤。杀青时间约为 7～10 min。成熟标准为叶态干软，叶张边缘起白泡状，手揉紧后无水溢出且呈粘手感，青气去尽，呈清香味即可。出青时需快速出尽，特别是最后出锅的尾量需快速，否则易过火变焦，使毛茶茶汤出现浑浊和焦粒，俗称“拉锅现象”。杀青火候需要掌握前中期旺火高温，后期低火低温出锅。

（6）揉捻。

揉捻是形成武夷岩茶外形和影响茶叶制率的主要因素。

① 揉捻方式。

生产主要使用 30 型、35 型、40 型、50 型、55 型等专用揉茶机，其棱骨比绿茶揉捻机要更高些。少量制作时也可手工揉捻，使用专用篾制揉茶竹篱。但手工揉捻耗工大，且揉捻效果较差，茶汤多碎末，大生产上均不使用手工揉捻。以下仅介绍机械揉捻工艺。

② 操作要点。

杀青叶需快速盛进揉捻机趁热揉捻，方能达到最佳效果；装茶量需达揉捻机盛茶桶高 1/2 以上至满桶；揉捻过程掌握先轻压后逐渐加重压的原则，中途需减压 1～2 次，以利桶内茶叶的自动翻拌和整形，压力轻重可观察揉捻机上的指示器，全程约需 5～8 min。35 型、40 型等小型机揉捻程度较重，应注意加压和揉捻时间不可过度，以免造成碎末和底盘偏多。50 型、55 型等大型揉捻机揉茶力度较轻，特别是青叶过老时，需注意加重压，以防出现条索过松、茶片偏多、“揉不倒”现象。

（7）烘干。

烘干的主要作用是稳定茶叶品质，补充杀青不足，使茶叶可以储存较长时间而不变质。

① 烘干方式。

烘干有传统木炭、焙笼烘干和烘干机烘干两种方式。焙笼烘干时间长，劳动强度大，生产效率低，初制烘干中使用较少。初制毛茶以烘干机烘干为最佳烘干方式。揉捻成条的茶叶需马上进行快速烘一道，不能置放过久，否则易使干茶产生闷味，降低茶叶品质。条件差者也有用萎凋槽烘干，但此方式对茶叶品质影响较大：温度低，烘干时间过长；热源多用木炭直燃吹风式，多灰尘，易带烟；烘干速度慢，效率低，常将多次不同时间的揉捻叶混为一槽烘干。

② 操作要点。

揉捻叶一般要求在 30～40 min 内烘完一道，手触茶叶需带刺手感，而后可静置 2～4 h，再烘二道，一般烘 2～3 道即可全干。烘干机第一道烘干温度视机型面积、风量等实际情况而定，一般为 130 ℃～150 ℃，要求温度稳定。第二道烘干温度比第一道略低些，约低 10 ℃，直至烘干为止。焙笼烘干要求第一道明火“抢水焙”至茶叶有刺手感，下笼摊凉 2～4 h 后稳火再焙干。毛茶烘干后不可摊放长久，一般冷却至近室温时即装袋进库。

2. 审评要点

（1）评茶用具。

样茶盘为木质或塑料白色方形盘，应无气味，盘的一角有一缺口。审评杯碗选用纯白瓷烧制，大小、厚度、颜色必须一致。审评杯呈倒钟形，容量 110 mL，具盖；审评碗容量 110 mL。叶底盘用白色的搪瓷盘或白色瓷碗。

（2）方法。

① 取混合均匀的样品置于样茶盘中，审评其外形。

② 再将样茶盘中的样品充分拌匀后，称取 5 g 茶样于审评杯内，用 100 ℃的沸水注满，采用三次冲泡法。第一次浸泡 1 min，第二次浸泡 2 min，第三次浸泡 3 min。每次冲泡后分别进行以下操作：a. 先嗅香气。第一次嗅香，审评香气是否正常，有无异杂气味，区别品种香、地域香、制造香；第二次嗅香，审评香气的高低、粗细、强弱；第三次嗅香，审评香气的长短和持久性。b. 然后沥出茶汤于审评碗中，看汤色。武夷岩茶汤色要求清澈明亮，呈金黄色或橙黄色。有的成茶要求火功高，相对来说汤色会偏深些。c. 评滋味。武夷岩茶的滋味要求一定的浓醇厚度，浓而不苦，醇而带爽，厚而不涩，富有收敛性，喉韵清冽，回甘持久。审评时主要区分是否爽口，是否有苦、涩、麻感觉，特别是要体会回味是否甘甜而舒适，反复比较，区分优次。此外，还要看其耐泡程度。d. 嗅叶底香。主要是弥补每次冲泡嗅香时体会不足的地方。

③ 将茶渣倒入叶底盘中检查其叶底的发酵程度及柔软程度。

外形审评的主要因子是条索、色泽、整碎、净度，内质审评的主要因子是香气、滋味、汤色、叶底。

（二）闽南青茶

1. 加工工艺（以铁观音为例）

安溪铁观音要经过凉青、晒青、凉青、做青（摇青、摊置）、炒青、揉捻、初焙、复焙、复包揉、文火慢烤、簸拣等工序才能制成成品。

凉青、晒青和凉青：鲜叶经过凉青后进行晒青。晒青时间以午后4时阳光柔和时为宜，叶子直薄摊，以失去原有光泽、叶色转暗、手摸叶子柔软、顶叶下垂、失重6%～9%左右为适度，然后移入室内凉青后进行做青。

做青：摇青与摊置相间进行，合称做青。做青技术性高，灵活性强，是决定毛茶品质优劣的关键。摇青使叶子边缘经过摩擦，叶缘细胞受损，再经过摊置，在一定的温度、湿度条件下伴随着叶子水分逐渐丧失，叶中多酚类在酶的作用下缓慢地氧化并引起一系列化学变化，从而形成青茶的特有品质。铁观音鲜叶肥厚，要重摇并延长做青时间，摇青5～6次，每次摇青的转数由少到多。摇青后摊置历时由短到长，摊叶厚度由薄到厚。第三、第四次摇青必须摇到青味浓强、鲜叶硬挺，俗称“还田”，梗叶水分重新分布平衡。第五、第六次摇青视青叶色、香变化程度而灵活掌握。做青适度的叶子，叶缘呈朱砂红色，叶中央部分呈黄绿色（半熟香蕉皮色），叶面凸起，叶缘背卷，从叶背看呈汤匙状，发出兰花香，叶张出现青蒂绿腹红边，稍有光泽，叶缘鲜红度充足，梗表皮显有皱状。

炒青：炒青要及时，当做青叶青味消失、香气初露时即应抓紧进行炒青。

揉捻、烘焙：铁观音的揉捻是反复多次进行的。初揉约3～4 min，解块后即进行初焙。焙至五六成干，不粘手时下焙，趁热包揉，运用揉、压、搓、抓、缩等手法，经三揉三焙后，再用50 ℃～60 ℃的文火慢烤，使成品香气敛藏，滋味醇厚，外表色泽油亮，茶条表面凝集有一层白霜。

簸拣：慢烤后的茶叶最后经过簸拣，除去梗片、杂质，即为成品。

2. 审评要点

与武夷岩茶的审评要点相同。

五、项目评价

本项目的评价考核评分表如表2-7所示。

表 2-7　项目六评价考核评分表

分项	内容	分数	自评分（10%）	组内互评分（10%）	组间互评分（10%）	教师评分（70%）	实际得分
1	茶样 1 号 名称________	20 分					
2	茶样 2 号 名称________	20 分					
3	茶样 3 号 名称________	20 分					
4	茶样 4 号 名称________	20 分					
5	综合表现	20 分					
合计		100 分					

六、项目作业

填写茶叶品质感官审评结果记录单（表 2-2）。

七、项目拓展

（1）青茶可分为哪几类？

（2）简述安溪铁观音的品质特征。

项目七　花茶审评

一、项目要求

了解花茶的分类，熟悉花茶品质的感官审评指标，掌握茉莉狗牯脑、茉莉双龙银针、桂花茶、桂花龙井茶、金银花茶的感官审评方法，熟悉茉莉花茶的传说和常用的茶叶储存方法。

二、项目分析

（一）花茶的品质特征

花茶属再加工茶类。所谓再加工茶，是指毛茶经过精制后，再进行加工的茶。目前，我国再加工茶除花茶外，还有压制茶和速溶茶。花茶是精制后的茶经过窨花而制成的，通常所用的香花有茉莉、白兰、珠兰、玳玳、柚子、桂花、玫瑰等，不同香花窨制的花茶品质各具特色。

1. 茉莉花茶

茉莉花茶的品质特征是香气清高芬芳、浓郁、鲜灵，香而不浮，鲜而不浊，滋味醇厚，品啜之后唇齿留香，余味悠长。

茉莉花茶按所窨制的茶坯原料的不同，分为茉莉烘青、花龙井、花大方、特种茉莉花茶等。

传统的茉莉花茶（图 2-38）是将茉莉花放在基茶中，待花香渗透后将茉莉花剔除。飘雪茉莉花茶（图 2-39）盛行于四川一带，不剔除渗透后的茉莉花。

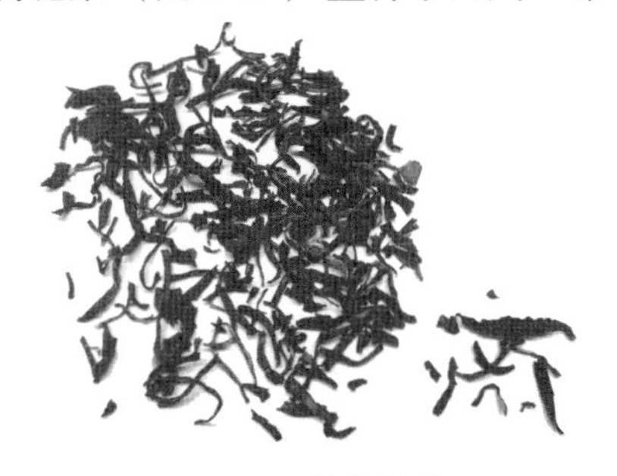

图 2-38　茉莉花茶

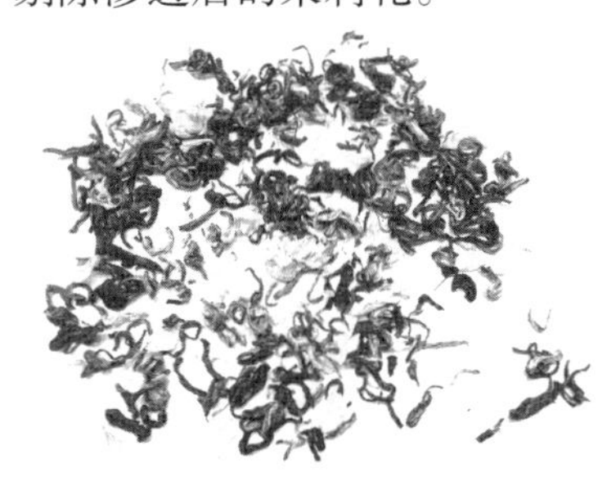

图 2-39　飘雪茉莉花茶

2. 白兰花茶

白兰花茶是除茉莉花茶外的又一大宗产品，产品主要是白兰烘青。品质特征：外形条索紧实，色泽黄绿尚润；香气鲜浓持久，滋味浓厚尚醇，汤色黄绿明亮。

3. 珠兰花茶

珠兰花茶主要产于安徽省歙县。珠兰花茶香气清纯优雅，滋味醇爽，回味甘永。根据所用的原料不同，珠兰花茶可分为珠兰烘青、珠兰黄山芽、珠兰大方。

4. 桂花茶

根据所采用的茶坯不同，桂花茶可分为桂花烘青、桂花乌龙、桂花龙井、桂花红碎茶。桂花茶香气浓郁、高雅而持久。

5. 玫瑰花茶

玫瑰花茶产于广东、福建、浙江等省，产品有玫瑰红茶和玫瑰绿茶。其产品茶香气浓郁、甜香扑鼻，滋味甘美、口鼻清新。

（二）花茶加工工艺与品质的关系

1. 浊闷味

浊闷味指花茶的香气沉闷，缺乏鲜灵感。在生产中，通花散热是提高花茶香气的一道重要工序。开堆散热可掌握叶温比室温高 1 ℃～3 ℃时收堆，如果过早收堆，散热不够，就会在续窨中形成闷味。因此，花茶在窨制过程中要重视凉热适度，其中凉是指烘后茶坯或在窨品要摊凉冷却，否则余热影响的茶坯会产生闷热气味而降低成茶的品质。例如，政和茶厂曾经将同样的窨品复火后分成两组：一组茶坯含水量 6.5%，不经摊凉，立刻装入袋内，另一组经过冷却后再装袋，然后同时取样审评，其结果是热袋的茶具有明显的浊闷味。可见烘后茶叶及时摊凉是防止浊闷味的重要措施之一。

付窨茶坯温度过高，在茶、花拌后升温过快，缩短了鲜花在最适温度（35 ℃～37 ℃）条件下吐香的时间，鲜花在萎蔫的状态下也会产生浊闷味。所以一般窨花茶坯的温度不宜高于室温 3 ℃，以相对延长鲜花所要求的适当温度和时间，促使鲜花充分吐香，增强成品茶香气的鲜灵度。此外，如窨堆偏厚，则透气性差，导致鲜花缺氧呼吸，也会产生浊闷味。

2. 水闷味

这是花茶窨制中很易产生的一种气味。水闷味犹如刚砍的毛竹浸在水里多日后所产生的气味。一方面，花茶在窨制过程中，茶坯在吸香的同时，也吸收了大量的水分，含水率上升；另一方面，由于鲜花的呼吸作用，产生了大量的热，堆内的温度急剧上升，一般花和坯拌和 4～5 h 后，堆内温度可升到 40 ℃以上。此时花朵生机减弱，吐香芬芳亦降低，如不及时通花散热，会导致水闷味和其他异味的产生，及时通花对避免水闷味的产生有明显的作用。

茶坯堆放过久，水分增加到13%～16%，必须及时复火，否则会使茶坯在高水分中形成水闷味。烘焙花茶坯，在工艺上不单纯重视失水标准，更要注意初制残留于毛茶中的青臭味，使茶坯挥发出类似冰糖般清爽的香气。一般来说，火温偏高，烘后产品有火涩味；火温偏低，烘后产品香虽鲜，但味沉，不耐储存。因此，应控制火温适当，烘后产品既鲜灵，又有醇厚的口感。

鲜花和茶坯从拌和到复火，时间不宜超过16 h。鲜花在正常情况下，吐香作用可维持10 h左右。因此，茶、花拌和后9～12 h，应及时起花，否则在水热条件下易产生水闷味。

3．透素

透素是指花茶香味透出茶坯香味。这一般在低级成品中出现较多，主要原因是下花量过少。另外，茶坯含水量与吸香功能也有一定的相关性。茶坯含水量低，吸收香气较充分；反之，吸收香气不足，显得淡薄，尤其在单窨的茶中容易透有茶味。

在花茶窨制工艺中应围绕干、凉、快三个要领，做到“七个要”：鲜花要有足够的开放度，茶坯要充分干燥，烘后茶叶要摊凉，花、茶拌和要快而匀，通花散热要快而凉，起花复火要及时，起花前后要严格控制含水率。

4．鲜度

鲜度是指香味鲜灵程度。当开汤审评嗅香气时，第一印象是鲜度如何，如果香气鲜灵，一般纯度也好。有些花茶香气浓，但不一定鲜，也非上品。应在浓的基础上求鲜，在鲜的前提下提高浓度，这样鲜浓都具备的花茶品质才佳。在窨制中，鲜花维护好，堆薄，通花，起花及时，供氧条件好，窨制出来的花茶鲜度也较好。灵是指香十分敏锐，一嗅即感，是高档花茶必须具备的品质特征。鲜灵突出的花茶能够补救原料上的一些不足；反之，失去鲜度就会降低其品质特征。为了得到鲜度好的花茶，工艺中采用提花，以补鲜度不足，但这样的花茶大多含水率偏高，不耐贮藏。

5．浓度

浓度是指花茶的耐泡率。香气持久、耐泡的为浓度好的花茶。在级别规定的用花量基础上，窨制工艺处理恰当，则其用花量多时一定会在香气和耐泡率上表现很准确。窨次多，下花量多，浓度就高；反之则浓度低。三窨可三泡，二窨可二泡，一窨可一泡。因此，目前审评一般是特级以上的特种茶要三泡，二级以上要二泡，三级以下一般一泡。高档茶的耐泡程度是反映品质的标志，但是窨花适度的茶，往往容易为鲜度所混淆。所以审评高档茶的时候，不能只凭一泡就得出品质高低的结论。而茶坯的品质及吸香能力也有不同，浓度以头窨为主，应让头窨“吃饱”才能有底香。目前不少茶厂采用头窨重窨的办法，配花从每担32斤提高到42斤，有利于浓度的提高，但对中档以下，同是一窨花茶，下同一花量，总是下一级比上一级浓度好，这是由于一级茶坯比较粗松，容易吸收花香（粗松的茶叶组织细胞间隙大，吸香能力迅速）。因此，高档茶要

提高香气浓度不但要头窨花量用足，还要根据茶坯的质量增加窨次和下花量。不少茶厂为了增加浓度，采取玉兰打底的办法，在每担茶头窨时拼入 0.5～0.7 斤鲜玉兰进行调理底香，借用玉兰来“引线”，把茉莉花香带起来，但打底的技术要掌握好，打得好可以达到浓而不“透底”。如果玉兰花打底过量而透了底，反而降低品质。要提高花茶品质和香气浓度，关键是要严格选配茶坯，各级茶要逐窨下足花量，并严格按工艺规程及时处理工序作业。

6. 纯度

纯度是指花香和茶香的纯正度。茉莉花茶中不能透兰及掺杂其他香味，茶香中不能有烟味及其他异味。因此在窨制过程中，要十分注意卫生，防止污染，尤其要重视起花时取尽花渣及梗蒂，避免残渣发酵；且应及时烘焙，严格控制火候。只有认真处理，才能保持花茶的纯度。

三、项目实施

1. 项目步骤

（1）实训开始。

（2）准备器具：样茶盘、审评杯碗、叶底盘、茶匙、天平、定时钟等。

（3）准备茶样：茉莉花茶（特级、一级、二级、三级）、茉莉狗牯脑、茉莉双龙银针、白兰花茶、珠兰花茶、玳玳花茶、柚子茶、桂花龙井茶、桂花乌龙茶、玫瑰红茶、金银花茶等中的六个。

（4）按照模块一中的项目四分别审评茶样。

（5）收样。

（6）收具。

（7）实训结束。

2. 实训安排

（1）实训地点：茶叶审评室。

（2）课时安排：实训授课 6 学时，每 2 个学时审评 4 个茶样，每个茶样可重复审评一次。每 2 个学时 90 min，其中教师讲解 30 min，学生分组练习 50 min，考核 10 min。

四、项目预案

（一）加工工艺

茉莉花茶的加工流程：茶坯与鲜花处理→拌合窨花→通花散热→收堆续窨→起花→复火摊凉→转窨或提花→匀堆装箱。

（二）审评要点

花茶外形审评条索、嫩度、整碎和净度，窨花后的条索稍松一些，色泽带黄也属正常。内质审评香气、汤色、滋味和叶底。花茶的品质以香味为主，通常从鲜、浓、纯三个方面来评比；汤色一般比茶坯深一些，但滋味较醇；叶底看嫩度和匀度。

花茶内质审评有两种方法：一种是单杯审评，另一种是双杯审评。

1. 单杯审评

单杯审评又分为一次冲泡和二次冲泡两种方法。

（1）单杯一次冲泡法。

一般称取茶样 3 g，用 150 mL 审评杯，用沸水冲泡。如有花渣必须拣尽，因为花渣中含有较多花青素，用沸水冲泡后，会增加茶汤的苦涩味，影响审评结果的正确性。冲泡时间为 5 min，开汤后先看汤色是否正常，看汤色时间要快；接着趁热嗅香气，审评鲜灵度；温嗅浓度和纯度；再评滋味，花香味上口快而爽口，说明鲜灵度好，在舌尖上打滚时，评比浓醇；最后冷嗅香气，评比香气的持久性。这种方法适用于对花茶审评技术比较熟练的人员。

（2）单杯二次冲泡法。

单杯二次冲泡法是指一杯样茶分两次冲泡。第一次冲泡 3 min，主要评香气的鲜灵度和纯度，滋味的鲜爽度。第二次冲泡 5 min，评香气的浓度和持久性，滋味的浓醇度。最终将两次冲泡审评结果综合评判。这种方法较一次冲泡法好，但操作上麻烦一些，时间会长一些，对初学者来说比较合适。

2. 双杯审评

双杯审评是指同一茶样冲泡两杯。目前双杯审评也有两种方法：一种是双杯一次冲泡法，另一种是双杯二次冲泡法。

（1）双杯一次冲泡法。

双杯一次冲泡法即同一茶样称取两份，每份 3 g，两杯同时一次冲泡，时间 5 min。先看茶汤的色泽，趁热嗅香气的鲜灵度和纯度，再评滋味，最后冷嗅香气的持久性。

（2）双杯二次冲泡法。

双杯二次冲泡法即同一茶样称取两份，每份 3 g，第一杯只评香气，分两次冲泡，第一次冲泡 3 min，评香气的鲜灵度；第二次冲泡 5 min，评香气的浓度和纯度。第二杯专供评汤色、滋味、叶底，原则上一次性冲泡 5 min。

五、项目评价

本项目评价考核评分表如表 2-8 所示。

表 2-8　项目七评价考核评分表

分项	内容	分数	自评分（10%）	组内互评分（10%）	组间互评分（10%）	教师评分（70%）	实际得分
1	茶样 1 号 名称__________	20 分					
2	茶样 2 号 名称__________	20 分					
3	茶样 3 号 名称__________	20 分					
4	茶样 4 号 名称__________	20 分					
5	综合表现	20 分					
合计		100 分					

六、项目作业

填写茶叶品质感官审评结果记录单（表 2-2）。

七、项目拓展

（1）花茶是怎么分类的？

（2）简述茶叶变质、变味、陈化的原因。

项目八 认识袋泡茶

一、项目要求

了解袋泡茶的分类、质量要求及审评要点。

二、项目分析

袋泡茶是在原有茶类基础上，经过拼配、粉碎、包装而成的。袋泡茶出现的历史不长，但发展速度很快，尤其是在欧美国家非常普及（如加拿大、意大利、荷兰、法国等国的袋泡茶销量均占茶叶总销量的80%以上），已成为茶叶的主导消费产品。

（一）袋泡茶的分类

通常一包袋泡茶由外封套、内包装袋、袋内包装物、提线、标牌等组成。袋泡茶的分类主要以袋内包装物的种类为依据，分为以下几类：

1. 茶型袋泡茶

茶型袋泡茶包括红茶、绿茶、乌龙茶、普洱茶、花茶等各类不同的纯茶袋泡茶。

2. 果味型袋泡茶

果味型袋泡茶由茶与各类营养干果或果汁、果味香料混合加工而成。这种袋泡茶既有茶的香味，又有干鲜果的风味和营养价值，如柠檬红茶、京华枣茶、乌龙戏珠茶等。

3. 香味型袋泡茶

香味型袋泡茶是指在茶叶中添加各种天然香料或人工合成香精的袋泡茶。例如，在茶叶中添加茉莉、玫瑰、香兰素等，由香草或喷洒提取的香精油加工而成的袋泡茶。

4. 保健型袋泡茶

保健型袋泡茶是指由茶叶和某些具药理功效的中草药按一定比例配伍加工而成的袋泡茶。

5. 非茶袋泡茶

非茶袋泡茶是指非茶叶的各种袋泡茶，如绞股蓝袋泡茶、杜仲袋泡茶、桑叶袋泡茶等。

（二）袋泡茶的质量要求

袋泡茶是将茶叶经拼配、粉碎后装入特殊的具有网状孔眼的长纤维过滤纸袋的茶叶产品。袋泡茶具有携带方便、用量准确、冲泡快速、清洁卫生和茶渣易处理等优点，顺应了现代快节奏的生活旋律，深受消费者欢迎。但曾有少数袋泡茶生产厂家以茶叶精加工中的碎末茶来加工袋泡茶，忽视了产品的质量，使消费者认为袋泡茶就是低档茶，从而大大影响了袋泡茶的消费。茶型袋泡茶是袋泡茶发展的重点。如何全面提高袋泡茶原料的香气、滋味和汤色品质，并使袋泡茶的卫生、理化指标达到国家标准和出口要求是当务之急。

1. 绿茶袋泡茶

绿茶香气高鲜持久，无水闷气、粗老气、烟焦等异气，滋味浓醇鲜爽，汤色黄绿，清澈明亮，不受潮泛黄。目前绿茶袋泡茶市场销量较低，应提高品质，开拓国内外消费市场。小叶种地区春季生产的高档绿茶，经齿切机分次切碎和分筛，就可作为袋泡茶的原料茶。

2. 红茶袋泡茶

红茶香气鲜甜浓郁，滋味鲜爽，汤色红艳明亮。当前国际流行的主要是以红碎茶为原料的红茶袋泡茶。其用茶应以内质为主，香气要新鲜高锐，滋味要浓、强、鲜，有刺激性，汤色要红艳明亮。外形规格要能适应机器包装，要求碎茶匀整洁净，末茶呈砂粒状，不含60目以下的细末。红茶袋泡茶不要求耐冲泡，因此C. T. C红碎茶特别适合用于加工袋泡茶。在我国使用的红碎茶最好选用夏、秋季广东、广西、海南或云南所产的红碎茶。

3. 乌龙茶袋泡茶

乌龙茶香气浓郁持久，滋味醇厚鲜爽，饮后回甘，留有香韵味，汤色金黄或橙黄明亮。

4. 花茶袋泡茶

花茶香花种类特征明显，香气浓郁芬芳，鲜灵持久，滋味醇厚甘爽，汤色清澈明亮。

不管什么袋泡茶，高档原料一般要求汤色鲜亮、香气浓郁、滋味纯正；低档原料则要求汤色、香气、滋味正常，具有明显的相应茶类的特征，无其他异味；中档原料的要求居于两者之间。

（三）袋泡茶的理化标准

1. 茶颗粒指标

颗粒度主要影响茶包的计量与包装质量，是衡量袋泡茶原料质量的一个指标。根据目前国内典型的袋泡茶包装设备的性能及滤纸的性能，一般要求袋泡茶原料为14～40

目的颗粒状或砂粒状茶叶。粒径大于 12 目的茶叶，颗粒大，质量计量误差大，成袋困难；40 目以下尤其是 60 目以下的粉末茶和质地轻飘的子口茶，机包时易飞扬到滤纸袋的边缘，造成封袋不良，散袋增加，降低了袋泡茶的加工质量。此外，过细的粉末茶，冲泡易透过滤纸进入茶汤，使汤色浑浊不明亮，影响袋泡茶的品质。

2. 理化指标

水分≤7%，总灰分≤6.5%。

3. 卫生指标

袋泡茶必须达到国家食品卫生标准，符合《食品安全国家标准　食品中污染物限量》（GB 2762—2017）、《食品安全国家标准　食品中农药最大残留限量》（GB 2763—2019）要求。铅含量≤5 mg/kg，六六六含量≤0.2 mg/kg，滴滴涕含量≤0.2 mg/kg。

（四）袋泡茶的审评要点

袋泡茶的审评仍以感官审评为主，除针对保健类等袋泡茶的独特性外，常规茶叶袋泡茶审评方法及不同级别品质特征参照表 2-9。

表 2-9　袋泡茶品质评语与各品质因子评分表

因子	级别	品质特征	得分	评分系数
外形（a）	甲	滤纸质量优，包装规范，完全符合标准要求	90～99	10%
	乙	滤纸质量较优，包装规范，完全符合标准要求	80～89	
	丙	滤纸质量较差，包装不规范，有欠缺	70～79	
汤色（b）	甲	色泽依茶类不同，但要清澈明亮	90～99	20%
	乙	色泽依茶类不同，较明亮	80～89	
	丙	欠明亮或有浑浊	70～79	
香气（c）	甲	高鲜、纯正，有嫩茶香	90～99	30%
	乙	高爽或较高鲜	80～89	
	丙	尚纯、熟，有老火或青气	70～79	
滋味（d）	甲	鲜醇、甘鲜、醇厚鲜爽	90～99	30%
	乙	清爽、浓厚、尚醇厚	80～89	
	丙	尚醇、浓涩或青涩	70～79	
叶底（e）	甲	滤纸薄而均匀，过滤性好，无破损	90～99	10%
	乙	滤纸厚薄较均匀，过滤性较好，无破损	80～89	
	丙	掉线或有破损	70～79	

袋泡茶茶汤冲泡方法（按 GB/T 23776—2018）如下：

取一茶袋置于 150 mL 审评杯中，注满沸水，加盖浸泡 3 min 后揭盖，上下提动茶袋两次（两次提动间隔 1 min），提动后随即盖上杯盖，至 5 min 沥茶汤入审评碗中，依次审评汤色、香气、滋味和叶底（叶底审评茶袋冲泡后的完整性）。

（1）外形审评包装因子，包括包装材料、包装方法、图案设计、包装防潮性能，以及所使用的文字说明是否符合食品通用标准。

（2）开汤审评主要是评其内质的汤色、香气、滋味和冲泡后的内袋。汤色评比茶汤的类型和明浊度。同一类茶叶，茶汤的色度与品质有较强的相关性。同时，失风受潮、陈化变质的茶叶在茶汤的色泽上反映也较为明显。汤色明浊度要求以明亮鲜活为好，陈暗少光泽为次，浑浊不清为差。对个别保健型袋泡茶，如果添加物显深色，在评比汤色时应区别对待。香气主要看纯异、类型、高低与持久性。袋泡茶一般均应具有原茶的良好香气；而添加了其他成分的袋泡茶，香气以协调适宜，能正常被人们接受为佳。袋泡茶因多层包装，受包装纸污染的机会较大，所以审评时应注意有无异味。如是香型袋泡茶，应评其香型的高低、协调性与持久性。滋味则主要从浓淡、爽涩等方面评判，根据口感的好坏判断质量的高低。冲泡后的内袋主要检查滤纸袋是否完整不裂，茶渣能否被封包于袋内而不溢出；如有提线，检查提线是否脱离包袋。

根据质量评定结果，可把普通袋泡茶划分为优质产品、中档产品、低档产品和不合格产品四类。

优质产品：包装上的图案、文字清晰；内外袋包装齐全；外袋包装纸质量上乘，防潮性能好；内袋长纤维特种滤纸网眼分布均匀、大小一致；滤纸袋封口完好，用纯棉本白线作提线，线端有品牌标签，提线两端定位牢固，提袋时不脱线；袋内的茶叶颗粒大小适中，无茶末黏附滤纸袋表面；未添加非茶成分的袋泡茶应有原茶的良好香味，无杂异气味，汤色明亮无沉淀，冲泡后滤纸袋涨而不破裂。

中档产品：可不带外袋或无提线上的品牌标签；外袋纸质较轻，封边不很牢固，有脱线现象；香味虽纯正，但少新鲜口味；汤色亮但不够鲜活；冲泡后滤纸袋无裂痕。

低档产品：包装用材中缺项明显，外袋纸质轻、印刷质量差；香味平和，汤色深暗；冲泡后有时会有少量茶渣漏出。

不合格产品：包装不合格，汤色浑浊，香味不正常，有异气味，冲泡后散袋。

三、项目实施

1. 实训地点

茶叶审评室。

2. 课时安排

实训授课2学时，共计90 min。其中教师讲解并展示不同档次、不同茶类的袋泡茶40 min，学生分组审评40 min，考核及讲评10 min。

3. 实训过程

（1）教师讲解（依次讲解袋泡茶的分类、质量要求及审评要点）。

（2）教师展示（依次展示各种茶类的袋泡茶，观察包装后打开过滤纸看茶）。

（3）教师演示审评操作，同时强调审评要点。

（4）学生动手开汤审评。

（5）学生整理茶叶审评室。

四、项目评价

本项目评价考核评分表如表 2-10 所示。

表 2-10　项目八评价考核评分表

分项	内容	分数	自评分（10%）	组内互评分（10%）	组间互评分（10%）	教师评分（70%）	实际得分
1	了解袋泡茶的分类	30 分					
2	认识袋泡茶的程度	40 分					
3	审评操作规范程度	10 分					
4	综合表现	20 分					
合计		100 分					

五、项目作业

填写茶叶品质感官审评结果记录单（表 2-2）。

六、项目拓展

分析袋泡茶有无保健功效。

项目九　认识速溶茶

一、项目要求

认识速溶茶，了解速溶茶的质量要求及审评方法。

二、项目分析

速溶茶是一类速溶于水，水溶后无茶渣的茶叶饮料，具有快泡、方便、卫生、可热饮或冷饮的特点。速溶茶原料来源广泛，既可用鲜叶直接加工，又可用成品茶或茶叶副产品再加工而成。

1. 速溶茶的分类

速溶茶可分为纯速溶茶和调味速溶茶两种。

纯速溶茶是以茶叶或茶鲜叶为原料，经水浸提（或采用茶鲜叶榨汁）、过滤、浓缩、干燥等工序制成的干茶水浸出物；也可在生产过程中加入食品添加剂、食品加工助剂及适量食品辅料（如麦芽糊精）等，制成固态速溶茶产品。根据所选用的原料茶和产品特征，固态速溶茶分为速溶红茶、速溶绿茶、速溶乌龙茶、速溶黑茶、速溶白茶、速溶黄茶和其他速溶茶等。

调味速溶茶是用速溶茶、糖、香料、果汁等配制成的一类混合茶，其典型成分有速溶茶、糖、柠檬酸、植物酸、维生素 C、食用色素、天然柠檬油、磷酸三钙，并以 BHA（丁基羟基茴香醚）作防腐剂。冰茶中有些是水果味的饮料茶，由柠檬、柑橘、柚子、无核葡萄、杏、梨等与速溶茶拼配在一起形成，也有一些添加了豆蔻、玉桂橘子、黑醋栗、香荚兰果等浸出物。

2. 速溶茶审评

速溶茶品质重视香味、冷溶度、造型和色泽。审评方法目前尚未统一，仍以感官审评为主。

外形主要审评形状和色泽。形状有颗粒状、碎片状和粉末状。不管哪种形状的速溶茶，其外形颗粒大小和疏松度是鉴定速溶性的主要物理指标。最佳的颗粒直径为 200～500 μm，直径 200 μm 以上的需达 80%，直径 150 μm 以下的不能超过 10%。一般容重在0.06～0.17 g/mL，疏松度以0.13 g/mL最佳。这样的造型外形美观疏松，速溶性好，造型过小溶解度差，过大松泡易碎。颗粒状要求大小均匀，呈空心疏松状态，互不黏结，装入容器内具有流动性，无裂崩现象。碎片状要求片薄而卷曲，不重叠。速溶茶最佳含水量在2%～3%，存放地点为室内，相对湿度最好在60%以下，否则容易吸潮结块，影响速溶性，含水量低的速溶性好。色泽方面，要求速溶红茶呈红黄、红棕或红褐色，速溶绿茶呈黄绿色或黄亮，都要求鲜活有光泽。

内质审评方法：迅速称取0.75 g速溶茶两份（按制率25%计算，相当于3 g干茶），置干燥而透明的玻璃杯中，分别用150 mL冷开水（15 ℃左右）和沸水冲泡，审评速溶性、汤色和香味。

速溶性指在10 ℃以下和40 ℃～60 ℃条件下的迅速溶解特性。溶于10 ℃以下者称为冷溶速溶茶，溶于40 ℃～60 ℃者称为热溶速溶茶。溶解后无浮面沉底现象，则速溶性好，可作冷饮用；溶解后颗粒悬浮或呈块状沉结杯底，则冷溶度差，只能作热饮。汤色要求冷泡清澈，速溶红茶红亮或深红明亮，速溶绿茶黄绿明亮；热泡清澈透亮，速溶红茶红艳，速溶绿茶黄绿或黄而鲜艳，凡汤色深暗、浅亮或浑浊的都不符合要求。香味要求具有原茶风格，有鲜爽感，香味正常，无馊酸气、熟汤味及其他异味。调味速溶茶因添加剂不同而香味各异，如柠檬速溶茶除具有天然柠檬香味外，还有茶味，甜酸适合，无柠檬的涩味。无论何种速溶茶，不能有其他化学合成的香精气味。

三、项目实施

1. 实训地点

茶叶审评室。

2. 课时安排

实训授课2学时，共计90 min。其中教师讲解并展示不同档次、不同茶类的速溶红茶、速溶绿茶、速溶乌龙茶、速溶黑茶、速溶白茶、速溶黄茶和其他速溶茶40 min，学生分组审评40 min，考核及讲评10 min。

3. 实训过程

（1）教师讲解（依次讲解速溶茶的分类、质量要求及审评要点）。

（2）教师展示（依次展示各种茶类的速溶茶）。

（3）教师演示审评操作，同时强调审评要点（审评项目包括外形审评和内质审评）。

（4）学生审评。

（5）学生整理茶叶审评室。

四、项目评价

本项目评价考核评分表如表 2-11 所示。

表 2-11　项目九评价考核评分表

分项	内容	分数	自评分（10%）	组内互评分（10%）	组间互评分（10%）	教师评分（70%）	实际得分
1	了解速溶茶的分类	30 分					
2	认识速溶茶的程度	40 分					
3	审评操作规范程度	10 分					
4	综合表现	20 分					
合计		100 分					

五、项目作业

填写茶叶品质感官审评结果记录单（表 2-2）。

六、项目拓展

课后查阅相关资料，认识速溶茶的发展历程。

项目十　认识液态茶饮料

一、项目要求

认识液态茶饮料，了解液态茶饮料的分类及液态茶饮料的相关标准。

二、项目分析

茶饮料是以原料茶经过水浸提、过滤、澄清后制成的茶提取物（水提取液或其浓缩液、茶粉）为原料，再分别加入水、糖液、酸味剂、食用香精、果汁、乳制品、植物提取物等辅料调制加工而成的液体饮料。

1. 茶饮料的分类

茶饮料按其产品风味不同，可分为纯茶饮料、调味茶饮料、复合茶饮料和茶浓缩液四类。目前市场上销售的茶饮料以调味茶饮料为主，约占饮料市场份额的 80％。

（1）纯茶饮料。

纯茶饮料是指以原料茶的水提取液或其浓缩液、茶粉等为原料，经加工而成的保持原料茶应有风味的液体饮料，可添加少量的食糖和甜味剂。

（2）调味茶饮料。

调味茶饮料是指以原料茶的水提取液或其浓缩液、茶粉等为原料，加入糖、酸、果味物质、奶茶、奶味茶等调制而成的液体饮料。

（3）复合茶饮料。

复合茶饮料是指以茶叶和植物的水提取液或其浓缩液、茶粉等为原料，加入糖液、酸味剂等辅料调制而成，具有茶与植物混合风味的液体饮料。

（4）茶浓缩液。

茶浓缩液是指选用优质茶为原料，通过浸提、过滤、浓缩等现代加工技术加工而成的液态制品，加水复原后具有原茶汁应有的风味，适合调配纯茶或低糖饮料，亦可作为食品添加剂使用。

2. 茶饮料相关标准

我国茶饮料早期发展缺少产品标准规范，导致市场上茶饮料质量鱼龙混杂，极大地

影响了茶饮料市场的健康发展。为此，2004 年 5 月，我国开始实施国家标准《茶饮料卫生标准》（GB 19296—2003），对茶饮料的卫生指标提出了明确的要求。2008 年，我国又修订并实施了国家标准《茶饮料》（GB/T 21733—2008），对不同类型茶饮料提出了相关技术要求，特别是对茶饮料的主要指标成分茶多酚、咖啡碱的含量做出了明确规定，并禁止使用茶多酚、咖啡碱作为原料调制茶饮料。

三、项目实施

1. 实训地点

茶叶审评室。

2. 课时安排

实训授课 2 学时，共计 90 min。其中教师讲解并展示不同包装、不同茶类的茶饮料（如瓶装绿茶，瓶装红茶，瓶装乌龙茶，罐装红、绿、花茶等）30 min，学生分组审评 40 min，考核及讲评 20 min。

3. 实训过程

（1）教师讲解（依次讲解茶饮料的分类、质量要求）。

（2）教师展示（依次展示各种茶饮料）。

（3）教师演示审评操作，同时强调审评要点。

（4）学生审评。

（5）学生整理茶叶审评室。

四、项目评价

本项目评价考核评分表如表 2-12 所示。

表 2-12　项目十评价考核评分表

分项	内容	分数	自评分（10%）	组内互评分（10%）	组间互评分（10%）	教师评分（70%）	实际得分
1	了解茶饮料的分类	30 分					
2	了解茶饮料的质量要求	40 分					
3	了解茶饮料的相关标准	10 分					
4	综合表现	20 分					
合计	100 分						

五、项目作业

国家针对茶饮料颁发了哪些标准？对哪些项目做了规定？

六、项目拓展

请调查本地茶饮料的消费状况。

项目十一　审评结果与判定

一、项目要求

了解级别判定及其判定方法，能独立进行品质判定。

二、项目分析

（一）审评结果与判定

1．级别判定

级别判定即对照一组标准样品，比较未知茶样品与标准样品之间某一级别在外形和内质方面的相符程度（或差距）。首先，对照一组标准样品的外形，从形状、嫩度、色泽、整碎和净度5个方面综合判定未知茶样品等于或约等于标准样品中的某一级别，即定为该未知茶样品的外形级别；然后从内质的汤色、香气、滋味与叶底4个方面综合判定未知茶样品等于或约等于标准样品中的某一级别，即定为该未知茶样品的内质级别。未知茶样品的级别判定结果按下式进行计算：

未知茶样品的级别=（外形级别+内质级别）÷2

2．合格判定

（1）评分。

以成交样或标准样相应等级的色、香、味、形的品质要求为依据，按规定的审评因子即形状、整碎、净度、色泽、香气、滋味、汤色和叶底进行评分（表2-13）。

表2-13　各类成品茶品质审评因子

茶类	外形				内质			
	形状（A）	整碎（B）	净度（C）	色泽（D）	香气（E）	滋味（F）	汤色（G）	叶底（H）
绿茶	√	√	√	√	√	√	√	√
红茶	√	√	√	√	√	√	√	√
乌龙茶	√	√	√	√	√	√	√	√
白茶	√	√	√	√	√	√	√	√

续表

茶类	外形				内质			
	形状(A)	整碎(B)	净度(C)	色泽(D)	香气(E)	滋味(F)	汤色(G)	叶底(H)
黑茶(散茶)	√	√	√	√	√	√	√	√
黄茶	√	√	√	√	√	√	√	√
花茶	√	√	√	√	√	√	√	√
袋泡茶	√	×	√	√	√	√	√	√
紧压茶	√	×	√	√	√	√	√	√
粉茶	√	×	√	√	√	√	√	×

注:“×”为非审评因子。

将生产样对照标准样或成交样逐项对比审评，按“七档制”方法进行评分(表2-14)。

表2-14　七档制审评方法

七档制	评分	说明
高	+3	差异大，明显好于标准样
较高	+2	差异较大，好于标准样
稍高	+1	仔细辨别才能区分，稍好于标准样
相当	0	标准样或成交样水平
稍低	-1	仔细辨别才能区分，稍差于标准样
较低	-2	差异较大，差于标准样
低	-3	差异大，明显差于标准样

(2) 计算结果。

审评结果按下式进行计算:

$$Y = A_n + B_n + \cdots + H_n$$

式中：Y——茶叶审评总得分。

A_n，B_n，…，H_n——各项审评因子的得分。

(3) 结果判定。

任何单一审评因子中得 -3 分者判定该样品不合格。总得分小于 -3 分者判定该样品不合格。

3. 其他合格判定方法

贸易公司对成品茶验收审评一般采用“五档制”评定品质等级。外形审评条索、色泽、整碎、净度，内质审评汤色、香气、滋味和叶底。验收结果以高、稍高、符合、稍低、低“五档制”来划分，其对应的说明如表2-15所示。

表 2-15　五档制审评方法

五档制	出口	内销	说明
高	△	++	高于对照标准样半级以上
稍高	⊥	+	高于对照标准样不到半级
相当	√	√	与标准样品质大体一致
稍低	⊤	-	低于对照标准样半级以内
低	▽	——	低于对照标准样半级以上

（二）品质评定

1. 评分形式

（1）独立评分。

整个审评过程由 1 位或若干位评茶员独立完成。

（2）集体评分。

整个审评过程由 3 位或 3 位以上（奇数）评茶员一起完成。参加审评的人员组成 1 个审评小组，推荐其中 1 人为主评。审评过程中由主评先评出分数，其他人员根据品质标准对主评出具的分数进行修改与确认，对观点差异较大的茶进行讨论，最后共同确认分数。如有争论，投票决定，并加注评语。评语参照《茶叶感官审评术语》(GB/T 14487—2017)。

2. 评分方法

茶叶品质顺序的排列样品应在 2 只（含 2 只）以上。评分前工作人员对茶样进行分类、密码编号，审评人员在不了解茶样的来源、密码条件下进行盲评，根据审评知识与品质标准，从外形、汤色、香气、滋味和叶底 5 个方面进行审评。在公平、公正条件下对每个茶样进行评分，并加注评语。评语参照《茶叶感官审评术语》（GB/T 14487—2017)，评分标准参见《茶叶感官审评方法》(GB/T 23776—2018)。

3. 分数确定

当独立评分评茶员人数不足 5 人时，每位评茶员所评分数相加的总和除以参加评分的人数所得的分数即为该茶样审评的最终得分；当独立评分评茶员人数在 5 人以上时，可在评分的结果中去掉一个最高分和一个最低分，其余的分数相加的总和除以人数所得的分数即为该茶样审评的最终得分。

4. 结果计算

将单项因子的得分与该因子的评分系数相乘，并将各个乘积值相加，即为该茶样审评的总得分。计算式如下：

$$Y = A \times a + B \times b + \cdots + E \times e$$

式中：Y——茶叶审评总得分。

A，B，…，E——各品质因子的审评得分。

a，b，…，e——各品质因子的评分系数。

各茶类审评因子评分系数如表 2-16 所示。

表 2-16　各茶类审评因子评分系数

单位：%

茶类	外形（a）	汤色（b）	香气（c）	滋味（d）	叶底（e）
绿茶	25	10	25	30	10
工夫红茶（小种红茶）	25	10	25	30	10
（红）碎茶	20	10	30	30	10
乌龙茶	20	5	30	35	10
黑茶（散茶）	20	15	25	30	10
紧压茶	20	10	30	35	5
白茶	25	10	25	30	10
黄茶	25	10	25	30	10
花茶	20	5	35	30	10
袋泡茶	10	20	30	30	10
粉茶	10	20	35	35	0

5. 结果评定

根据计算结果将分数由高到低依次排列。分数相同者，则按“滋味→外形→香气→汤色→叶底”的次序比较单一因子得分的高低，高者居前。

三、项目实施

1. 实训地点

茶叶审评室。

2. 课时安排

实训授课 2 学时，共计 90 min。其中教师讲解不同茶类（如绿茶、红茶、乌龙茶等）的五因子审评方法 30 min，学生分组审评 40 min，考核及讲评 20 min。

3. 实训过程

（1）教师讲解（依次讲解各种茶类的五因子审评方法）。

（2）教师展示（依次展示各种茶的审评）。

（3）教师演示审评操作，同时强调审评要点。

（4）学生审评。

（5）学生整理茶叶审评室。

四、项目评价

各茶类审评因子评分表如表 2-17 所示。

表 2-17　各茶类审评因子评分表

茶类	外形（a）	汤色（b）	香气（c）	滋味（d）	叶底（e）
绿茶					
红茶					
乌龙茶					
黑茶					
白茶					
黄茶					

五、项目作业

运用五因子审评方法对绿茶、红茶进行评定。

模块三

茶叶的理化检验

在茶叶生产、流通、贸易活动中，除根据各类茶叶品质规格进行感官审评外，还必须进行必要的理化检验。理化检验的项目是根据需要或贸易双方的有关协定和进出口标准确定的。本模块针对茶叶产品出厂和出口的常检项目进行介绍，包括茶叶水分检验、茶叶灰分检验、茶叶粉末及碎茶检验等。

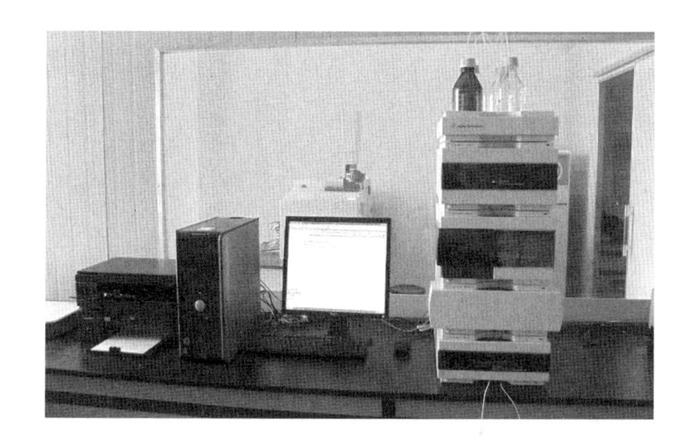

项目一　茶叶水分检验

一、项目要求

通过理论学习了解茶叶水分检验原理及方法；通过实训掌握采用烘箱法进行茶叶水分检验时相关设备的使用，能准确用烘箱法进行茶叶水分检验。

二、项目分析

茶叶含水量是影响茶叶品质的主要因素，同时也是茶厂定额经济核算的主要依据，在毛茶收购、原料进厂验收、在制品检验、成品茶出厂和出口检验中均被列为重要项目。

（一）成品茶含水量要求

茶鲜叶中含水量一般为75%～78%，经过加工制成干茶以后，绝大部分的水分都已蒸发散失。成品茶的含水量越高，贮藏保管过程中就越容易发生茶叶品质的变化。当成品茶的含水量超过12%时，茶叶内部各种化学反应不仅可以继续进行，而且还能吸收空气中的氧气，使微生物不断滋生，茶叶就会很快变质或发霉。因此，生产上要求毛茶含水量控制在6%以下，经过精制加工后的茶叶含水量控制在4%～6%。

（二）水分检验的方法

水分检验的方法很多，有烘箱法、红外线法、容量法等，关键是要选择准确、快速而简便的方法。成品茶水分检验多采用烘箱法，以处理温度和时间不同，可分为105 ℃恒重法、103 ℃ ±2 ℃恒重法、130 ℃ 27 min快速法和120 ℃ 60 min快速法。现行标准规定出口茶叶水分检验可采用103 ℃ ±2 ℃恒重法和120 ℃ 60 min快速法中的一种。国际标准化组织（ISO）推荐103 ℃ ±2 ℃恒重法。我国茶叶水分检验自1955年起都采用120 ℃ 60 min快速法；而工厂速测时一般采用130 ℃ 27 min快速法，以便及时了解在制品的含水量情况。

（三）用烘箱法进行茶叶水分检验

1．原理

通过提高温度和降低相对湿度，使茶叶表面不断受热，热量从表面向内部传导，使茶叶内游离水和细胞内的束缚水陆续蒸发散失，直至干燥。

2．材料及仪器设备

恒温电烘箱、分析天平（感量 0.001 g）、铝盒、干燥器、茶叶。

3．方法步骤

（1）预热电烘箱：应高于测定温度 5 ℃～10 ℃。例如，采用 120 ℃ 60 min 法时应预热至 130 ℃。

（2）烘盒恒重：先将已编号的铝盒烘干称重，并反复操作至恒重。

（3）称重：所取茶样应均匀有代表性。用分析天平准确称取两份 10 g 茶样，分别放入两个烘盒内。

（4）测定：将烘盒去盖放入烘箱，待温度上升到规定的测定温度起计算测定时间，控制温度 ±2 ℃，中途不应开烘箱门。

（5）冷却：烘至规定时间取出烘盒，加盖，放入干燥器中约 20 min，冷却至室温。

（6）称重并计算结果：

$$含水量（\%）=\frac{烘干前茶样质量-烘干后茶样质量}{茶样质量}\times 100\%$$

4．注意事项

（1）烘盒必须预先烘至恒重，记录质量后置于干燥器中备用。

（2）称样要快速，因茶叶具有吸湿性。

（3）茶样烘后必须冷却至室温再称重。

（4）每一样品两次重复测定结果在允许差 0.2% 以内的，以两次测定平均数作为检验结果；如果两次重复测定结果超过允许差，则需重做至测定误差小于 0.2% 为止。

三、项目实施

1．项目步骤

（1）实训开始。

（2）认识仪器设备并了解其用途和使用方法（依次认识和了解恒温电烘箱、分析天平、铝盒、干燥器）。

（3）准备检验材料及用具（铝盒 2 个，并编号）。

（4）按水分检验方法的步骤操作测量样茶含水量并填写记录单（表 3-1）。

表 3-1　茶叶水分检验记录单

茶名：__________　　样品号码：__________

项目		Ⅰ	Ⅱ
烘盒号码			
烘盒质量/g			
茶样质量/g			
烘盒 + 茶样	烘前质量/g		
	烘后质量/g		
水分质量/g			
含水量/%			
平均含水量/%			
检验方法			
附注			

检验时间：______________　　检验人：______________

（5）将实验器具清理干净后放回原位，并摆放整齐。

（6）实训结束。

2. 实训安排

（1）实训地点：茶叶生化检测室。

（2）课时安排：实训授课 2 学时，共计 90 min。其中教师示范讲解 30 min，学生分组操作 50 min，考核及讲评 10 min。

（3）分组方案：每组 4 人，一人任组长。

（4）实施原则：独立完成，组内合作，组间协作，教师指导。

四、项目评价

本项目评价考核评分表如表 3-2 所示。

表 3-2　项目一评价考核评分表

分项	内容	分数	自评分（10%）	组内互评分（10%）	组间互评分（10%）	教师评分（70%）	实际得分
1	了解烘箱法检验水分的原理	10 分					
2	导致测量不准确的原因分析	40 分					
3	实验操作的规范程度	40 分					
4	综合表现	10 分					
合计		100 分					

五、项目作业

（1）简述茶叶水分含量在生产、贸易中的重要性。

（2）简述烘箱法检验茶叶水分的操作要点。

六、项目拓展

通过上网、查阅书籍或询问等知识获取方式，了解采用红外线法、容量法进行茶叶水分检验的具体操作过程。

项目二　茶叶灰分检验

一、项目要求

了解灰分含量对茶叶品质的影响；了解总灰分含量测定方法、水溶性灰分含量测定方法、酸不溶性灰分含量测定方法；通过实训熟练掌握以上检测操作。

二、项目分析

茶叶通过灼烧后所得的残留物称为总灰分，一般占干物质总量的4%～7%。根据茶叶灰分在水中与10%盐酸中的溶解性的不同，又分为水溶性灰分、水不溶性灰分和酸溶性灰分、酸不溶性灰分。茶叶灰分含量的高低可在一定程度上反映出成品茶品质的高低，高级茶的灰分含量高于低级茶。水溶性灰分含量的高低更能反映出品质的好坏，水溶性灰分含量与总灰分含量之比是成品茶品质指标之一。一般高级茶水溶性灰分含量占总灰分含量的55%左右。但灰分含量不合理的增高或降低，却又是掺入泥沙杂质或着色假茶等的标志。因此，我国茶叶出口检验标准中对各类茶叶的灰分含量均有规定，红茶、绿茶、花茶、乌龙茶和白茶的总灰分含量不得超过6.5%，绿茶中的秀眉、茶梗、茶灰及末茶的总灰分含量不得超过7%。

（一）总灰分含量的测定

国际标准与国家标准都规定茶叶总灰分含量的测定采用525 ℃ ±25 ℃恒重法，出口商检标准采用525 ℃ ±25 ℃恒重法或700 ℃ 20 min 快速法。

1. 测定原理

试样在规定的温度下灼烧灰化，对有机物分解除去后所得到的残留物进行称量，通过计算即可得到总灰分含量。

2. 主要仪器

主要仪器包括：坩埚（瓷质、高型，容量30 mL或50～100 mL）、电热板、水浴锅、高温炉（附温度控制器）、干燥器（内盛有效干燥剂）、分析天平（感量0.001 g）。

3. 测定方法

(1) 坩埚的准备。

将洁净的坩埚置于525 ℃ ±25 ℃或700 ℃的高温炉内灼烧1 h，待炉温降至300 ℃左右或200 ℃时（依具体方法而定），取出坩埚于干燥器内冷却至室温，称量（精确至0.001 g）。

(2) 测定。

① 国际标准法。

称取5 g（精确至0.001 g）混匀的磨碎试样于已知质量的坩埚（50～100 mL）中，放在电热板上，在接近100 ℃的温度下，加热试样以除去水分，冷却后加入几滴植物油，然后在电热板上徐徐加热直至膨胀停止。将坩埚移入高温炉中，于525 ℃ ±25 ℃下灼烧至灰分中明显无炭粒（通常至少需要2 h）。充分冷却后，用蒸馏水湿润灰分，先后在沸水浴和电热板上干燥。再将坩埚移入高温炉中，灼烧1 h，取出坩埚于干燥器中冷却并称量。再次将坩埚移入高温炉中灼烧30 min，冷却并称量。重复此操作过程，直至连续两次称量之差不超过0.001 g（以最小称量为准）。

② 国家标准法。

称取2 g（精确至0.001 g）混匀的磨碎试样于已知质量的坩埚（30 mL）内，在电热板上徐徐加热，使试样充分炭化至无烟。将坩埚移入高温炉中，于525 ℃ ±25 ℃下灼烧至无炭粒（不少于2 h）。待炉温降至300 ℃左右时，取出坩埚，置于干燥器内冷却至室温，称量。再移入高温炉内，于上述温度下灼烧1 h，取出，冷却并称量。再次移入高温炉内，灼烧30 min，取出，冷却并称量。重复灼烧30 min的操作，直至连续两次称量之差不超过0.001 g（以最小称量为准）。

③ 出口商检标准法。

a. 525 ℃ ±25 ℃恒重法（仲裁法）。具体步骤基本同于国家标准法，只是待炉温降至200 ℃时取出坩埚。

b. 700 ℃ 20 min法（快速法）。称取2 g（精确至0.001 g）混匀的磨碎试样于已知质量的坩埚（30 mL）中，将坩埚移入高温炉内，自炉温升至700 ℃时起，保持700 ℃ ±25 ℃灼烧20 min，待炉温降至200 ℃时取出坩埚，置于干燥器内冷却，称量（精确至0.001 g）。

4. 结果计算

茶叶总灰分含量以干态质量百分率表示，按下式计算：

$$总灰分含量（\%）=\frac{M_1-M_2}{M_0\times m}\times 100\%$$

式中：M_1——试样和坩埚灼烧后的质量（g）。

M_2——坩埚的质量（g）。

M_0——试样的质量（g）。

m——试样中干物质的含量（%）。

同一试样的两次测定值之差，每 100 g 试样不得超过 0.2 g。

（二）水溶性灰分和水不溶性灰分含量的测定

1. 测定原理

用热水提取总灰分，经无灰滤纸过滤，灼烧，称量残留物，测得水不溶性灰分的质量；由总灰分和水不溶性灰分的质量之差计算出水溶性灰分的质量。

2. 主要仪器

同总灰分含量的测定。

3. 测定方法

（1）总灰分的制备。

分别按相应的国际标准法、国家标准法或出口商检标准法制备总灰分。

（2）测定。

① 国际标准法。

将 20 mL 蒸馏水加入盛有总灰分的坩埚中，加热至接近沸腾，然后通过无灰滤纸过滤，用蒸馏水冲洗坩埚和滤纸，直至滤液和洗涤液的总体积约为 60 mL。将滤纸和残留物放回坩埚中，在沸水浴上小心蒸去水分，再移入高温炉内，于 525 ℃ ±25 ℃下灼烧，直至灰分中没有明显的炭粒，取出坩埚于干燥器中冷却并称量。再置于高温炉内于上述温度下灼烧 30 min，冷却并称量。重复此操作过程，直至连续两次称量之差不超过 0.001 g（以最小称量为准）。

② 国家标准法。

用 25 mL 热蒸馏水，将总灰分从坩埚中洗入 100 mL 烧杯中，加热至微沸（防溅），趁热用无灰滤纸过滤，用热蒸馏水分次洗涤烧杯和滤纸上的残留物，直至滤液和洗涤液总体积达 150 mL。其余步骤同国际标准法。

③ 出口商检标准法。

具体方法基本同国家标准法，只是待炉温降至 200 ℃时取出钳埚。

4. 结果计算

（1）水不溶性灰分含量的计算。

茶叶中的水不溶性灰分含量以干态质量百分率表示，按下式计算：

$$\text{水不溶性灰分含量（\%）} = \frac{M_1 - M_2}{M_0 \times m} \times 100\%$$

式中：M_1——坩埚和水不溶性灰分的质量（g）。

M_2——坩埚的质量（g）。

M_0——试样的质量（g）。

m——试样中干物质的含量（%）。

（2）水溶性灰分的计算。

茶叶中的水溶性灰分含量以干态质量百分率表示，按下式计算：

$$\text{水溶性灰分含量（\%）} = \frac{M_1 - M_2}{M_0 \times m} \times 100\%$$

式中：M_1——总灰分的质量（g）。

M_2——水不溶性灰分的质量（g）。

M_0——试样的质量（g）。

m——试样中干物质的含量（%）。

同一试样的两次测定值之差，每 100 g 试样不得超过 0.2 g。

（三）酸不溶性灰分含量的测定

1. 测定原理

用一定浓度的盐酸溶液处理总灰分或水不溶性灰分，过滤、灼烧，并称量残留物质量。

2. 主要仪器与试剂

（1）主要仪器。

同总灰分含量的测定。

（2）试剂配制。

① 10% 盐酸溶液（用于国家标准法和出品商检标准法）：取 24 mL 浓盐酸，用蒸馏水稀释至 100 mL。

② 盐酸溶液（用于国际标准法）：用 2.5 体积的水稀释 1 体积的浓盐酸。

③ 硝酸银溶液：称约 17 g 硝酸银溶于 1 L 蒸馏水中。

3. 测定方法

（1）总灰分或水不溶性灰分的制备。

分别按相应的国际标准法、国家标准法或出口商检标准法制备总灰分或水不溶性灰分。

（2）测定。

① 国际标准法。

将 25 mL 盐酸溶液加入盛有总灰分的坩埚中，用表面皿盖好以防止溅出，小心煮沸 10 min，冷却后用无灰滤纸过滤，用热水冲洗坩埚和滤纸，直至用硝酸银溶液证实洗液中不含 Cl^-。将滤纸和残留物放回坩埚中，小心在沸水浴上蒸发水分，然后在 525 ℃ ± 25 ℃的高温炉内灼烧至残渣中没有可见的炭粒，取出坩埚于干燥器内冷却并称量。再次在高温炉内于上述温度下灼烧 30 min，冷却并称量。重复此操作，直至连续两次称量之差不超过 0.001 g（以最小称量为准）。

② 国家标准法。

用 25 mL 10% 盐酸溶液将总灰分或水不溶性灰分分次从坩埚洗入 100 mL 烧杯中，

盖上表面皿，在水浴上小心加热至溶液由浑浊变为澄清，继续加热 5 min，趁热用无灰滤纸过滤，用热蒸馏水洗涤烧杯和滤纸上的残留物，至洗液不呈酸性（约 150 mL）。将滤纸连同残渣移入原坩埚内，在水浴上小心蒸去水分，移入高温炉内，在525 ℃ ±25 ℃下灼烧至无炭粒（约 1 h），待炉温降至 300 ℃左右时，取出坩埚。其余步骤同国际标准法。

③ 出口商检标准法。

用 25 mL 10% 盐酸溶液将水不溶性灰分分次从坩埚洗入 100 mL 烧杯中，盖上表面皿，在沸水浴上小心加热至溶液由浑浊变为澄清，继续加热 5 min，趁热用无灰滤纸过滤，用热蒸馏水洗涤烧杯和滤纸上的残留物，直至用硝酸银溶液证实洗液中不含 Cl^-。其余步骤同国家标准法，只是在炉温降至 200 ℃时取出坩埚。

4. 结果计算

茶叶中的酸不溶性灰分含量以干态质量百分率表示，按下式计算：

$$酸不溶性灰分含量（\%）=\frac{M_1-M_2}{M_0\times m}\times 100\%$$

式中：M_1——坩埚和酸不溶性灰分的质量（g）。

M_2——坩埚的质量（g）。

M_0——试样的质量（g）。

m——试样中干物质的含量（%）。

同一试样的两次测定值之差，每 100 g 试样不得超过 0. 2 g。

三、项目实施

1. 项目步骤

（1）实训开始。

（2）认识仪器设备及实验材料，并了解其用途和使用方法。

（3）教师进行操作示范后学生分组操作。

① 总灰分含量的测定（700 ℃ 20 min 快速法）。

② 水溶性灰分含量的测定。

③ 注意事项：

a. 灼烧总灰分的温度不宜过高。应尽量避免磷、钾的损失，以免影响水溶性灰分含量的测定，使结果偏低。

b. 坩埚灼烧后，必须待高温炉温度降至 200 ℃以下才能取出，以免坩埚破裂和灰尘混入。

c. 总灰分含量测定应该达恒重，第一次灼烧称重后可在短时间内（约 15 min）再灼烧称重一次，以求达到恒重。

d. 总灰分检验后应将其妥善保存，以便进一步检验水溶性灰分和酸不溶性灰分。

（4）填写检验记录单（表3-3、表3-4）。

表3-3　茶叶总灰分检验记录单

茶名：____________　　样品号码：____________

项目	Ⅰ	Ⅱ
坩埚号码		
（坩埚+样品）质量/g		
坩埚质量/g		
茶样质量/g		
（坩埚+灰分）质量/g		
坩埚质量/g		
灰分质量/g		
总灰分含量/%		
平均总灰分含量/%		
检验方法		
附注		

表3-4　水溶性灰分和酸不溶性灰分检验记录单

茶名：____________　　样品号码：____________

<table>
<tr><td rowspan="7">水溶性灰分</td><td>坩埚号码</td><td></td></tr>
<tr><td>坩埚质量/g</td><td></td></tr>
<tr><td>总灰分质量/g</td><td></td></tr>
<tr><td>（坩埚+水不溶性灰分）质量/g</td><td></td></tr>
<tr><td>水不溶性灰分质量/g</td><td></td></tr>
<tr><td>（总灰分-水不溶性灰分）质量/g</td><td></td></tr>
<tr><td>水溶性灰分含量/%</td><td></td></tr>
<tr><td rowspan="5">酸不溶性灰分</td><td>坩埚号码</td><td></td></tr>
<tr><td>坩埚质量/g</td><td></td></tr>
<tr><td>（坩埚+酸不溶性灰分）质量/g</td><td></td></tr>
<tr><td>酸不溶性灰分质量/g</td><td></td></tr>
<tr><td>酸不溶性灰分含量/%</td><td></td></tr>
<tr><td>附注</td><td colspan="2"></td></tr>
</table>

（5）将实验器具清理干净放回原位，并摆放整齐。

（6）实训结束。

2. 实训安排

（1）实训地点：茶叶生化检测室。

（2）课时安排：实训授课 4 学时，共计 180 min。其中教师示范讲解 70 min，学生分组操作 90 min，考核及讲评 20 min。

（3）分组方案：每组 4 人，一人任组长。

（4）实施原则：独立完成，组内合作，组间协作，教师指导。

四、项目评价

本项目评价考核评分表如表 3-5 所示。

表 3-5　项目二评价考核评分表

分项	内容	分数	自评分（10%）	组内互评分（10%）	组间互评分（10%）	教师评分（70%）	实际得分
1	实验仪器及试剂的正确选择	10 分					
2	实验仪器的使用操作规范	40 分					
3	实验结果的准确性	30 分					
4	综合表现	20 分					
合计		100 分					

五、项目作业

茶叶灰分对茶叶品质有何影响？

六、项目拓展

做嫩度梯度实验，观察灰分含量与鲜叶老嫩度的关系。

项目三　茶叶粉末及碎茶检验

一、项目要求

了解茶叶粉末及碎茶对茶叶品质的影响，了解电动机筛法测定茶叶粉末及碎茶含量的方法，掌握平面手筛法测定茶叶粉末及碎茶含量的方法。

二、项目分析

茶叶在初、精制过程中，尤其是精制的筛切过程中，不可避免地会产生一些茶叶粉末和碎茶。这些茶叶粉末和碎茶的存在直接影响了外形的匀整美观，冲泡后使汤色发暗，滋味苦涩，不受消费者欢迎。粗老原料更易于产生片末茶。因此，将茶叶粉末及碎茶的多寡作为品质优次的一个物理指标，在检验标准中给予一定的限制是很有必要的。

1. 茶叶粉末及碎茶检验所需仪器和用具

主要包括分样器、分样板（或分样盘）、电动筛分机、检验筛。检验筛规格如表3-6所示。

表3-6　检验筛规格

茶叶类型	粉末筛规格	碎茶筛规格
毛茶	1.12 mm	1.25 mm
条、圆形茶	0.63 mm	1.25 mm
粗形茶	0.45 mm	1.60 mm
片形茶	0.28 mm	—
末形茶	0.18 mm	—

其中，条、圆形茶指工夫红茶、小种红茶、红碎茶中的叶茶、珍眉、贡熙、珠茶、雨茶和花茶；粗形茶指铁观音、色种、乌龙、水仙、奇种、白牡丹、贡眉、普洱散茶。

2. 毛茶碎末茶含量测定

将试样充分拌匀并缩分后，称取100 g，倒入孔径1.25 mm的筛网上，下套孔径1.12 mm的筛，盖上筛盖，套好筛底，按下启动按钮，筛动150转。待自动停机后，取孔径1.12 mm筛的筛下物，称量，即为碎末茶质量。

3．精制茶粉末及碎茶含量测定

（1）条、圆形茶和粗形茶。

粉末：将试样充分拌匀并缩分后，称取100 g，倒入规定的碎茶筛和粉末筛的检验套筛内，盖上筛盖，按下启动按钮，筛动100转。将粉末筛的筛下物称量，即为粉末质量。

碎茶：移去碎茶筛的筛上物，再将粉末筛筛面上的碎茶重新倒入下接筛底的碎茶筛内，盖上筛盖，放在电动筛分机上，筛动50转，将筛下物称量，即为碎茶质量。

（2）碎、片、末形茶。

称取充分混匀的试样100 g，倒入规定的粉末筛内，筛动100转。将筛下物称量，即为粉末含量。

4．结果计算

茶叶碎末茶含量计算：

$$\text{碎末茶含量（\%）} = \frac{M_1}{M} \times 100\%$$

茶叶粉末含量计算：

$$\text{粉末含量（\%）} = \frac{M_2}{M} \times 100\%$$

茶叶碎茶含量计算：

$$\text{碎茶含量（\%）} = \frac{M_3}{M} \times 100\%$$

式中：M_1——筛下碎末茶的质量（g）。

M_2——筛下粉末的质量（g）。

M_3——筛下碎茶的质量（g）。

M——试样的质量（g）。

重复性碎茶及粉末测定应做双试验。当测定值在3%以下、3%～5%和5%以上时，同一样品的两次测定值之差，分别不得超过0.2%、0.3%和0.5%，否则需重新分样检测。

平均值计算：将未超过误差范围的两测定值平均后，再按数值修约规则修约至小数点后一位数，即为该试样的实际碎末茶、粉末或碎茶含量。

三、项目实施

1．项目步骤

（1）仪器和用具准备：分样器与分样板、天平（感量0.01 g）、电动筛分机、圆孔组合筛、粉末筛、碎茶筛。

（2）称样：用分样器或分样板分样，称取 100 g 茶样。

（3）装样：将混合均匀的 100 g 茶样倒入下接筛底的粉末筛上，盖上筛盖，将筛底平贴在玻璃板上。

（4）筛分：水平筛转。

红茶、绿茶及花茶沿直径 56 cm 的圆周筛转 10 转，共筛 9 s。

乌龙茶（包括窨花乌龙茶）沿直径 56 cm 的圆周筛转 50 转，共筛 41～45 s。

（5）称重：收集筛底粉末，称重（精确至 0.01 g）。

（6）将粉末筛上物转入下接筛底的碎茶筛上，盖上筛盖。

（7）筛分：不分茶类，筛转 50 转，共筛 41～45 s。收集碎茶筛的筛下物，称重（精确至 0.01 g）。

（8）结果计算。

（9）将实验器具清理干净放回原位，并摆放整齐。

（10）实训结束。

2. 实训安排

（1）实训地点：茶叶生化检测室。

（2）课时安排：实训授课 2 学时，共计 90 min。其中教师示范讲解 30 min，学生分组操作 50 min，考核及讲评 10 min。

（3）分组方案：每组 4 人，一人任组长。

（4）实施原则：独立完成，组内合作，组间协作，教师指导。

四、项目评价

本项目评价考核评分表如表 3-7 所示。

表 3-7　项目三评价考核评分表

分项	内容	分数	自评分（10%）	组内互评分（10%）	组间互评分（10%）	教师评分（70%）	实际得分
1	筛分操作的规范	30 分					
2	根据计算结果分析茶叶品质	50 分					
3	综合表现	20 分					
合计		100 分					

五、项目作业

分别计算出茶叶粉末及碎茶含量，分析其茶样品质所存在的问题。

六、项目拓展

试探究茶叶中粉末及碎茶含量超标的解决方案。

模块四

茶叶标准样

茶叶标准样是指具有足够的均匀性、能代表茶叶产品的品质特征和水平、经过技术鉴定并附有感官品质和理化数据说明的茶叶实物样品。为了使茶叶感官审评结果具有客观性和普遍性，设置茶叶标准样（实物标准样）是十分必要的。感官审评是通过细致的比较来鉴别茶叶品质的优劣、质量等级高低，需要在有茶叶标准样的条件下进行比较、分析，才能得出客观、正确的结论。

项目一 认识茶叶标准样

一、项目要求

认识茶叶标准样，知道茶叶标准样的定义和作用。

二、项目分析

茶叶标准样是指具有足够的均匀性、能代表茶叶产品的品质特征和水平、经过技术鉴定并附有感官品质和理化数据说明的茶叶实物样品。为了使茶叶感官审评结果具有客观性和普遍性，设置茶叶标准样（实物标准样）是十分必要的。

感官审评是通过细致的比较来鉴别茶叶品质的优劣、质量等级高低，需要在有茶叶标准样的条件下进行比较、分析，才能得出客观、正确的结论。通俗地说，不怕不识货，只怕货比货。因此，感官审评一般不看单个茶样。对照茶叶标准样进行茶叶感官审评，即为"对样评茶"。对样评茶具有评定茶叶质量等级（目前用化学方法还难以做到）、茶叶品质优劣、鉴别真假茶（如真假西湖龙井茶）、确定茶叶价格（按质论价）等作用，用于茶叶收购、茶叶精制加工、产品调拨、进货和出口成交验收。

制定茶叶标准样有利于保证产品质量、保障消费者的利益、按质论价、监督产品质量，有利于企业控制生产与经营成本、提高茶叶产品在国内外市场上的信誉。

茶叶标准样主要分毛茶收购标准样和精制茶标准样（外销茶、内销茶、边销茶和各类茶的加工验收标准样）。

1. 毛茶收购标准样

在计划经济年代，毛茶收购标准样的制定、品质水平的审定或调整由中央和地方两级管理。中央管理由中华全国供销合作总社负责，地方管理由省外贸局和省供销合作社负责。

现在全国性的毛茶收购标准样基本上无部门制定，地方一级的标准样也很少制定，个别地方由茶叶行业协会或质量技术监督局制定有一些名茶标准样。目前，茶叶实物标准样一般由企业自己制定。

2. 精制茶标准样

精制茶标准样主要有外销茶、内销茶、边销茶和各类茶的加工验收标准样。在外销茶方面，中国是绿茶出口大国，出口量居世界第一。

3. 企业标准样制定的依据

按企业生产的茶叶种类、生产日期、级别进行排队，然后用国家标准样或行业标准样进行对比，品质水平相当的归入同级。在确定企业标准样时，同级茶叶，企业品质水平要高于行业标准或国家标准。

三、项目实施

1. 项目步骤

（1）实训开始。

（2）观察茶样室。

（3）认识各类茶叶的标准样。

（4）将茶叶标准样放回原位，并摆放整齐。

（5）实训结束。

2. 实训安排

（1）实训地点：茶样室。

（2）课时安排：实训授课 2 学时，共计 90 min。其中教师示范讲解 50 min，学生分组练习 30 min，考核 10 min。

（3）分组方案：每组 4 人，一人任组长。

（4）实施原则：独立完成，组内合作，组间协作，教师指导。

四、项目评价

本项目评价考核评分表如表 4-1 所示。

表 4-1　项目一评价考核评分表

分项	内容	分数	自评分（10%）	组内互评分（10%）	组间互评分（10%）	教师评分（70%）	实际得分
1	观察茶样室	40 分					
2	认识各种标准样	40 分					
3	综合表现	20 分					
合计		100 分					

五、项目作业

（1）茶叶标准样的要求有哪些？

（2）简述茶叶标准样的分类。

六、项目拓展

分析茶叶标准样在实际生产中的作用。

项目二　制作茶叶标准样

一、项目要求

通过本项目的学习，熟悉大宗茶类实物标准样的设置；能根据实际情况，准备相应的文字标准和实物标准样。

二、项目分析

1. 各级实物标准样的档次和水平

一般红、绿毛茶实物标准样的制作以鲜叶原料为基础，而鲜叶原料又以芽叶的嫩度为主体。从嫩到老的一条品质线上，根据生产时间和合理给价的需要，通常茶叶大宗产品可划分为六级 12 等（每级设 2 等）。一级标准样通常以单芽或一芽一叶原料为主体；二、三级标准样通常以一芽二三叶原料为主体；四、五级标准样通常以一芽三四叶和相应嫩度的对夹叶原料为主体；六级标准样一般以对夹叶或已形成驻芽、粗老的鲜叶原料为主体。也就是说，原料嫩度是划分红、绿毛茶品质、等级的基础。

2. 根据来样要求，准备实物标准样和文字标准

首先，根据来样的茶叶类型，确定适用哪一大茶类的标准（红茶类、绿茶类、乌龙茶类等）；其次，根据客户的要求或客户认可的标准来准备相应类别的文字标准和实物标准样。我国现行的茶叶标准按标准管理权限和范围不同，有国家标准、行业标准、地方标准和企业标准四大类。如果企业已制定了企业标准，则应按企业标准对来样进行审评和判定。在准备实物标准样时须注意，由于茶叶实物标准样往往采用预留上一年的生产样或销售样作为当年制作实物标准样的原料，其内质往往已陈化，香气、汤色、滋味等因子已无可比性，因此在实际对样评茶时，外形按实物标准样进行定等定级，内质按叶底嫩匀度定等定级，香气、滋味、汤色等因子应采用相应的文字标准作为对照。文字标准是实物标准样的补充。

三、项目实施

1. 项目步骤

（1）实训开始。

（2）学会制作茶叶标准样。

（3）实训结束。

2. 实训安排

（1）实训地点：多媒体教室。

（2）课时安排：实训授课 2 学时，共计 90 min。其中教师示范讲解 50 min，学生分组练习 30 min，考核 10 min。

（3）分组方案：每组 4 人，一人任组长。

（4）实施原则：独立完成，组内合作，组间协作，教师指导。

四、项目评价

本项目评价考核评分表如表 4-2 所示。

表 4-2　项目二评价考核评分表

分项	内容	分数	自评分（10%）	组内互评分（10%）	组间互评分（10%）	教师评分（70%）	实际得分
1	观察茶叶标准样	40 分					
2	制作各种茶叶标准样	40 分					
3	综合表现	20 分					
合计		100 分					

五、项目作业

（1）简述茶叶标准样的定义及其作用。

（2）简述茶叶标准样的种类。

六、项目拓展

制作一种大宗茶的标准样。

模块五
茶叶标准

茶叶标准是各产茶国或消费国根据各自的生产水平和消费需要确定的检验项目，如品质水平和理化指标。各国茶叶检验标准也都是通过经济立法手段，作为政府经济法律或法规予以公布，对内作为生产、加工的准绳和检验依据，对外作为贸易的品质指标和检验依据，对生产和贸易都起着提高和促进作用。

项目一　认识茶叶标准

一、项目要求

通过本项目的学习，能够认识茶叶标准的概念及其类型。

二、项目分析

1. 标准的概念

标准是对重复性事情和概念所做的统一规定。它以科学、技术和实践经验的综合成果为基础，经有关方面协商一致，由主管机构批准，以特定形式发布，作为共同遵守的准则和依据。

2. 标准的基本特性

（1）标准对象的特定性。

（2）标准制定依据的科学性。

（3）标准的本质特征是统一性。

（4）标准的法规特性。

3. 标准的分类

（1）按标准的使用范围分类：

① 国际标准。

② 区域标准。

③ 国家标准。

④ 行业标准。

⑤ 地方标准。

⑥ 企业标准。

（2）按标准的性质分类：

① 技术标准。

② 管理标准。

三、项目实施

1. 项目步骤

（1）实训开始。

（2）认识各类茶叶的标准。

（3）实训结束。

2. 实训安排

（1）实训地点：多媒体教室。

（2）课时安排：实训授课 2 学时，共计 90 min。其中教师示范讲解 50 min，学生分组练习 30 min，考核 10 min。

（3）分组方案：每组 4 人，一人任组长。

（4）实施原则：独立完成，组内合作，组间协作，教师指导。

四、项目评价

本项目评价考核评分表如表 5-1 所示。

表 5-1　项目一评价考核评分表

分项	内容	分数	自评分（10%）	组内互评分（10%）	组间互评分（10%）	教师评分（70%）	实际得分
1	了解茶叶标准的作用	40 分					
2	认识各种标准	40 分					
3	综合表现	20 分					
合计		100 分					

五、项目作业

（1）简述茶叶标准的定义及其作用。

（2）简述茶叶标准的分类。

六、项目拓展

分析茶叶标准在实际生产中的作用。

项目二　茶叶标准的制定

一、项目要求

通过本项目的学习，能够制定相应的茶叶标准。

二、项目分析

（一）　制定茶叶标准的意义

茶叶标准是各产茶国或消费国根据各自的生产水平和消费需要确定的检验项目，如品质水平和理化指标。各国茶叶检验标准也都是通过经济立法手段，作为政府经济法律或法规予以公布，对内作为生产、加工的准绳和检验依据，对外作为贸易的品质指标和检验依据，对生产和贸易都起着提高和促进作用。

为了使茶叶生产、加工和管理进一步科学化、规范化，提高生产、技术和技工人员素质，改进产品质量，节约原材料，降低成本，提高企业经营管理水平，不仅要制定企业标准，还要使企业的生产、加工、检验人员及企业领导熟悉并掌握标准，才能做到标准化生产、加工和检验。

（二）　制定茶叶企业标准的内容

制定茶叶企业标准，首先要了解制定标准的内容和格式。一般包括以下几个方面：

1. 标准的封面

标准的封面包括以下几项内容：

（1）标准的类别。

（2）标准的编号。

（3）标准的名称。

（4）标准的发布和实施日期。

（5）标准的发布单位。

2. 前言

标准的前言包括以下几项内容：

（1）制定标准的目的。

（2）应用标准的名称。

（3）提出制定标准的单位及归口部门。

（4）承担制定标准的起草单位及主要起草人员。

3. 标准的正文

标准的正文根据标准的类型不同而有所不同。

（1）品质规格标准。

明确使用标准的产品名称、制定本标准所引用的标准名义、标准中所用名词的解释和定义、应用本标准所用仪器及要求、检验原理、测定结果或评论结果的计算及误差要求。

（2）检验方法标准。

明确适用标准的产品名称和范围、制定本标准所引用的标准名称、标准中所用名词的解释和定义、品质规格要求。

4. 制定标准的格式

制定标准的格式主要按照 GB/T 1.1—2020《标准化工作导则　第 1 部分：标准化文件的结构和起草规则》的要求进行。

三、项目实施

1. 项目步骤

（1）实训开始。

（2）按要求制定茶叶标准。

（3）实训结束。

2. 实训安排

（1）实训地点：多媒体教室。

（2）课时安排：实训授课 2 学时，共计 90 min。其中教师示范讲解 50 min，学生分组练习 30 min，考核 10 min。

（3）分组方案：每组 4 人，一人任组长。

（4）实施原则：独立完成，组内合作，组间协作，教师指导。

四、项目评价

本项目评价考核评分表如表 5-2 所示。

表 5-2　项目二评价考核评分表

分项	内容	分数	自评分（10%）	组内互评分（10%）	组间互评分（10%）	教师评分（70%）	实际得分
1	阅读茶叶标准文本	40 分					
2	制定茶叶标准	40 分					
3	综合表现	20 分					
合计		100 分					

五、项目作业

根据实训要求制定茶叶标准。

六、项目拓展

根据实际的茶叶企业制定茶叶标准。

附录

通用感官审评术语

一、各茶类通用评语

1. 干茶形状

显毫：茸毛含量较多。同义词：茸毛显露。

锋苗：芽叶细嫩、紧卷而有尖锋。

身骨：茶条轻重，也指单位体积的重量。

重实：身骨重，茶在手中有沉重感。

轻飘、轻松：身骨轻，茶在手中分量很轻。

匀整、匀齐、匀称：上、中、下三段茶的粗细、长短、大小较一致，比例适当，无脱档现象。

脱档：上、下段茶多，中段茶少；或上段茶少，下段茶多，三段茶比例不当。

匀净：匀齐而洁净，不含梗、朴及其他夹杂物。

挺直：茶条直，不曲不弯。

弯曲、钩曲：不直，呈弓状或钩状。

平伏：茶叶在盘中有序紧贴，无松起架空现象。

紧结：卷紧而结实。

紧直：茶条卷紧且直。

紧实：松紧适中，身骨较重实。

肥壮、硕壮：芽叶肥嫩，身骨重。

壮实：尚肥大，身骨较重实。

粗实：嫩度较差，形状粗大而尚结实。

粗松：嫩度差，形状粗大而松散。

松条、松泡：茶条卷紧度较差。

松扁：不紧而呈平扁状。

扁块：结成扁圆形或不规则圆形带扁的团块。

圆浑：条索圆而紧结。

圆直、浑直：条索圆浑而挺直。

扁条：条形扁，欠圆浑。

扁直：扁平挺直。

肥直：芽头肥壮挺直，形状如针，满披茸毛。

短钝、短秃：茶条折断，无锋苗。

短碎：面张条短，下段茶多，欠匀整。

松碎：条松而短碎。

下脚重：下段中最小的筛号茶过多。

爆点：干茶上的突起泡点。

破口：折、切断口痕迹显露。

老嫩不匀：成熟叶与嫩叶混杂，叶色不一致，条形与嫩度不一致。

2. 干茶色泽

乌润：乌黑而油润。

油润：干茶色泽鲜活，光泽好。

枯燥：色泽干枯，无光泽。

枯暗：色泽枯燥发暗。

枯红：色红而枯燥。用于乌龙茶时，多为“死青”、“闷青”、发酵过度或夏暑茶虫叶而形成的品质弊病。

调匀：叶色均匀一致。

花杂：叶色不一，形状不一，或多梗、朴等茶类夹杂物。此术语也适用于叶底。

绿褐：绿中带褐。

青褐：褐中带青。此术语适用于黄茶和乌龙茶干茶色泽，以及压制茶干茶和叶底的色泽。

黄褐：褐中带黄。此术语适用于黄茶和乌龙茶干茶色泽，以及压制茶干茶和叶底的色泽。

翠绿：绿中显青翠。

灰绿：叶面色泽绿而稍带灰白色。此术语适用于加工正常、品质较好的白牡丹和贡眉干茶色泽，也适用于炒青绿茶长时间炒干所形成的色泽。

墨绿、乌绿、苍绿：色泽浓绿泛乌，有光泽。

暗绿：绿而发暗，无光泽，品质次于乌绿。

花青：为普洱熟茶色泽，红褐中带有青条，是渥堆不匀或拼配不一致而造成的。此术语也适用于红茶发酵不足、乌龙茶做青不匀而形成的干茶或叶底色泽。

3. 汤色

清澈：清净、透明、光亮，无沉淀物。

鲜明：新鲜明亮。

鲜艳：鲜明艳丽，清澈明亮。

深：茶汤颜色深。

浅：茶汤色泽淡似水。

浅黄：黄色较浅。此术语适用于白茶、黄茶和高档茉莉花茶汤色。

黄亮：黄而明亮，有深浅之分。此术语适用于黄茶和白茶的汤色，以及黄茶叶底色泽。

橙黄：黄中微泛红，似橘黄色，有深浅之分。此术语适用于黄茶、压制茶、白茶和乌龙茶汤色。

明亮：茶汤清净，反光强。此术语也适用于叶底色泽。

橙红：红中泛橙色。此术语适用于青砖、紧茶等汤色，也适用于重做青乌龙茶汤色。

深红：红较深。此术语适用于普洱熟茶和红茶汤色。

暗：茶汤不透亮。此术语也适用于叶底，指叶色暗沉，无光泽。

红暗：红而反光弱。

黄暗：黄而反光弱。

青暗：色青而暗。此术语适用于品质有缺陷的绿茶汤色，也适用于品质有缺陷的绿茶、压制茶的叶底色泽。

浑浊：茶汤中有大量悬浮物，透明度差。

沉淀物：茶汤中沉于碗底的物质。

4. 香气

高香：茶香优而强烈。

馥郁：香气幽雅丰富，芬芳持久。此术语适用于绿茶、乌龙茶和红茶香气。

鲜爽：新鲜愉悦。此术语适用于绿茶、红茶香气，以及绿茶、红茶和乌龙茶滋味；也适用于高档茉莉花茶滋味，味中仍有浓郁的鲜花香。

嫩香：嫩茶所特有的愉悦细腻的香气。此术语适用于原料嫩度好的黄茶、绿茶、白茶和红茶香气。

鲜嫩：新鲜悦鼻的嫩茶香气。此术语适用于绿茶和红茶香气。

清香：香气清新纯净。此术语适用于绿茶和轻做青乌龙茶香气。

清高：清香高而持久。此术语适用于绿茶、黄茶和轻做青乌龙茶香气。

清鲜：香清而新鲜，细长持久。此术语适用于黄茶、绿茶、白茶和轻做青乌龙茶香气。

清纯：香清而纯正，持久度不如清鲜。此术语适用于黄茶、绿茶、乌龙茶和白茶香气。

板栗香：似熟栗子香。此术语适用于绿茶和黄茶香气。

甜香：香气有甜感。此术语适用于绿茶、黄茶、乌龙茶和条红茶香气。

毫香：白毫显露的嫩芽叶所具有的香气。

纯正：茶香不高不低，纯净正常。

平正：茶香平淡，但无异杂气。

足火：干燥充分，火功饱满。

焦糖香：烘干充足或火功高致使香气带有糖香。

闷气：沉闷不爽。

低：低微，但无粗气。

青气：带有青草或青叶气息。

松烟香：带有松脂烟香。此术语适用于黄茶、黑茶和小种红茶香气。

高火：茶叶干燥过程中温度高或时间长而产生的似锅巴香，稍高于正常火功。

老火：茶叶干燥过程中温度过高或时间过长而产生的似烤黄锅巴或焦糖香，火气程度重于高火。

焦气：火气程度重于老火，有较重的焦煳气。

钝浊：滞钝，混杂不爽。

粗气：粗老叶的气息。

陈气：茶叶陈化的气息。

劣异气：茶叶加工或贮存不当产生的劣变气息或污染外来物质所产生的气息，如烟、焦、酸、馊、霉或其他异杂气，使用时应指明属何种劣异气。

5. 滋味

回甘：茶汤饮后在舌根和喉部有甜感，并有滋润的感觉。

浓厚：入口浓，刺激性强而持续，回甘。

醇厚：入口爽适甘厚，余味长。

浓醇：入口浓，有刺激性，回甘。

甘醇、甜醇：味醇而带甜。此术语适用于黄茶、乌龙茶、白茶和条红茶滋味。

鲜醇：清鲜醇爽，回甘。

甘鲜：鲜洁有甜感。此术语适用于黄茶、乌龙茶和条红茶滋味。

醇爽：醇而鲜爽，毫味足。此术语适用于芽叶较肥嫩的黄茶、绿茶、白茶和条红茶滋味。

醇正：茶味浓度适当，清爽正常，回味带甜。

醇和：醇而平和，回味略甜。刺激性比醇正弱，比平和强。

平和：茶味正常，刺激性弱。

清淡：味清无杂味，但浓度低，对口、舌无刺激感。

淡薄、和淡、平淡：入口稍有茶味，无回味。

涩：茶汤入口后，有麻嘴厚舌的感觉。

粗：粗糙滞钝。

青涩：涩而带有生青味。

青味：茶味淡而青草味重。

苦：入口即有苦味，后味更苦。

熟味：茶汤入口不爽，带有蒸熟或闷熟味。

高火味：茶叶干燥过程中温度高或时间长而产生的微带烤黄的锅巴香味。

老火味：茶叶干燥过程中温度过高或时间过长而产生的似烤焦黄锅巴味，程度重于高火味。

焦味：茶汤带有较重的焦煳味，程度重于老火味。

陈味：茶叶存放中失去新茶香味，呈现不愉快的类似油脂氧化变质的味道。

劣异味：茶叶加工或贮存不当产生的劣变味或被外来物质污染所产生的味感，如烟、焦、酸、馊、霉或其他异杂味，使用时应指明属何种劣异味。

6. 叶底

细嫩：芽头多或叶子细小嫩软。

柔嫩：嫩而柔软。

肥嫩：芽头肥壮，叶质柔软厚实。此术语适用于绿茶、黄茶、白茶和红茶叶底嫩度。

柔软：手按如棉，按后伏贴盘底。

匀：老嫩、大小、厚薄、整碎或色泽等均匀一致。

杂：老嫩、大小、厚薄、整碎或色泽等不一致。

嫩匀：芽叶嫩而柔软，匀齐一致。

肥厚：芽或叶肥壮，叶肉厚，叶脉不露。

开展、舒展：叶张展开，叶质柔软。

摊张：老叶摊开。

粗老：叶质粗硬，叶脉显露。

皱缩：叶质老，叶面卷缩起皱纹。

瘦薄：芽头瘦小，叶张单薄少肉。

硬：茶条或叶质坚硬似扎手感，不柔软。

破碎：断碎、破碎叶片多。

鲜亮：鲜艳明亮。

暗杂：叶色暗沉，老嫩不一。

硬杂：叶质粗老、坚硬、多梗，色泽驳杂。

焦斑：叶张边缘、叶面或叶背有局部黑色或黄色烧伤斑痕。

二、感官审评常用名词、虚词

1. 常用名词

芽头：未发育成茎叶的嫩尖，质地柔软。

茎：尚未木质化的嫩梢。

梗：着生芽叶的已显木质化的茎，一般指当年青梗。

筋：脱去叶肉的叶柄、叶脉部分。

碎：呈颗粒状细而短的断碎芽叶。

夹片：呈折叠状的扁片。

单张：单片叶子。

片：破碎的细小轻薄片。

末：细小呈砂粒状或粉末状。

朴：叶质稍粗老或揉捻不成条，呈折叠的扁片块状。

渥红：鲜叶堆放中，叶温升高而红变。

丝瓜瓤：渥堆过度，叶质腐烂，只留下网络状叶脉，形似丝瓜瓤状。

麻梗：隔年老梗、粗老梗，麻白色。

剥皮梗：在揉捻过程中脱了皮的梗。

绿苔：新梢的绿色嫩梗。

上段：经摇样盘后，上层较长大的茶叶，也称面装或面张。

中段：经摇样盘后，集中在中层较细紧、重实的茶叶，也称中档或腰档。

下段：经摇样盘后，沉积于底层细小的碎、片、末茶，也称下身或下盘。

中和性：香气不突出的茶叶适于拼和。

2. 常用虚词

相当：两者相比，品质水平一致或基本相符。

接近：两者相比，品质水平差距甚小或某项因子略差。

稍高：两者相比，品质水平稍好或某项因子稍高。

稍低：两者相比，品质水平稍差或某项因子稍低。

较高：两者相比，品质水平较好或某项因子较高，其程度大于稍高。

较低：两者相比，品质水平较差或某项因子较差，其程度大于稍低。

高：两者相比，品质水平明显的好或某项因子明显的好。

低：两者相比，品质水平差距大、明显的差或某项因子明显的差。

强：两者相比，其品质总水平要好些。

弱：两者相比，其品质总水平要差些。

微：在某种程度上很轻微时用。

稍或略：某种程度不深时用。

较：两者相比，有一定差距，其程度大于稍或略。

欠：在规格上或某种程度上达不到要求，且程度上较严重。

尚：某种程度有些不足，但基本接近时用，用在褒义词前。

有：表示某些方面存在。

显：表示某些方面比较突出。